"十四五"职业教育数字媒体类专业系列教材

VR全景摄影实战教程

韩晔 赵晨伊 ◎ 主编
钱颖丰 庄乔茵 ◎ 副主编

中国铁道出版社有限公司
CHINA RAILWAY PUBLISHING HOUSE CO., LTD.

内 容 简 介

本书根据职业教育 VR 全景摄影课程的教学大纲编写，全书以 VR 全景图制作流程为主线，设置三大模块，共 14 个学习任务，契合 VR 全景摄影所需的职业能力培养的需要，针对 VR 全景摄影中正确曝光的技巧、VR 全景图拼接要点、拍摄节点设置要点等核心技术，确定相关理论知识、专业技能与要求，并融入数码摄影师职业资格证书的相关考核要求。全书以任务为引领，通过任务整合相关知识、技能与职业素养，实现"教、学、做"一体化，也让学生的职业操作能力得到充分的锻炼，以适应岗位的需求。

本书适合作为高等职业院校虚拟现实、数字媒体、网络与新媒体、摄影摄像等相关专业 VR 全景摄影课程的教材，也可供 VR 爱好者自学参考。

图书在版编目（CIP）数据

VR 全景摄影实战教程 / 韩晔，赵晨伊主编 .—北京：中国铁道出版社有限公司，2023.12
"十四五"职业教育数字媒体类专业系列教材
ISBN 978-7-113-30700-4

Ⅰ.①V… Ⅱ.①韩…②赵… Ⅲ.①全景摄影－摄影技术－职业教育－教材 Ⅳ.① TB864

中国国家版本馆 CIP 数据核字（2023）第 219393 号

书　　名：	VR 全景摄影实战教程
作　　者：	韩　晔　赵晨伊
策　　划：	曹莉群　　　　　　　　　　　　编辑部电话：（010）63549508
责任编辑：	陆慧萍　许　璐
封面设计：	刘　颖
责任校对：	安海燕
责任印制：	樊启鹏

出版发行：	中国铁道出版社有限公司（100054，北京市西城区右安门西街 8 号）
网　　址：	http://www.tdpress.com/51eds/
印　　刷：	北京联兴盛业印刷股份有限公司
版　　次：	2023 年 12 月第 1 版　2023 年 12 月第 1 次印刷
开　　本：	850 mm×1 168 mm　1/16　印张：11　字数：268 千
书　　号：	ISBN 978-7-113-30700-4
定　　价：	59.80 元

版权所有　侵权必究

凡购买铁道版图书，如有印制质量问题，请与本社教材图书营销部联系调换。电话：（010）63550836
打击盗版举报电话：（010）63549461

前 言

随着科学技术的进步和生活水平的提高,人们对影像质量的要求也越来越高,在追求毫发毕现的同时,逐渐对更宽广的视角有了更高的需求,所以VR全景摄影技术应运而生。

当前,市场上能体现职业教育特点,专注于培养学生VR全景摄影技能的教材较少。本书以典型工作流程所涉及的知识和技能为核心,融入思政元素,带领学生掌握VR全景图前期拍摄策划、后期VR全景图制作等工作流程,培养学生适应以VR全景摄影师为主的相关岗位群需求。全书以任务为引领,通过任务整合相关知识、技能与职业素养,实现"教、学、做"一体化。

本书主要特点和优势如下:

(1)活页式:为适应不断变化的教学要求,本书以活页式教材方式呈现知识点和技能点。同时,本书强调学习与实践的匹配性,实现"教、学、做"一体化,也让学生的职业操作能力得到充分的锻炼以适应岗位的需求。

(2)实用性:本书在整体设计和内容选取时注重行业发展的新业态、新知识、新技术、新工艺、新方法,对接相应的职业标准和岗位要求,并吸收先进产业文化和优秀企业文化,采用企业真实业务场景,力求目标明确、生动有趣。对于关键技能点,均配套相关学习资源。

(3)创造性:在教材结构的设计上,采用符合职业教育实践导向的任务引领和项目实训的设计方式,将通用能力培养渗透到专业能力教学中。教师在使用本书进行教学时,可以根据实际情况,按照学习的难易程度,循序渐进开展教学讲解,帮助学生融会贯通所学知识和技能。

本书是校企合作的成果,编写团队不仅有数字媒体专业骨干教师,还有晶程甲宇科技(上海)有限公司的资深行业专家、技术专家和项目专家。韩晔、赵晨伊任主编,钱颖丰、庄乔茵任副主编,乐云龙、赵丽君、梅林参与编写。

本书的编写参考了许多相关文献，对于这些文献的作者表示感谢。也特别感谢晶程甲宇科技（上海）有限公司在本书编写过程中提供的项目和技术支持。

尽管编者对书中知识点精益求精，但书中难免有疏漏之处，敬请广大读者和专家指正。

编 者
2023 年 8 月

目 录

模块一　VR全景图前期拍摄 ... 1-1
- 任务一　VR全景摄影设备组装 ... 1-2
- 任务二　VR全景摄影设备调试 ... 1-16
- 任务三　VR全景摄影参数设置 ... 1-31
- 任务四　VR全景图全流程拍摄 ... 1-42
- 实战练习　VR全景图前期拍摄 ... 1-51

模块二　VR全景图后期拼接 ... 2-1
- 任务一　PTGui软件拼接功能使用 ... 2-2
- 任务二　PTGui软件控制点功能使用 ... 2-19
- 任务三　Lightroom软件的使用 ... 2-32
- 任务四　VR全景图拼接与美化 ... 2-47
- 实战练习　VR全景图后期拼接 ... 2-65

模块三　VR全景摄影综合实训 ... 3-1
- 任务一　室内场景拍摄——多功能会议室 ... 3-2
- 任务二　室内场景拍摄——授课教室 ... 3-13
- 任务三　室外场景拍摄——小花园 ... 3-23
- 任务四　室外场景拍摄——操场 ... 3-34
- 实战练习　室外室内场景拍摄 ... 3-44

模块一
VR 全景图前期拍摄
01

情景导入

小骄是一名摄影摄像技术专业的学生，毕业后进入上海某一家传媒公司，从事摄影师工作。因公司业务发展需要，领导安排阿煜指导小骄学习VR全景摄影。

小骄："阿煜老师，可以麻烦您讲解一下VR全景摄影的相关知识点吗？"

阿煜："没问题，只不过想要掌握VR全景摄影这门技术，除了学习相关知识点以外，还需要在不同的实战项目中多探索、多思考、多实践，这样才能完全'驾驭'这门技术。"

小骄："好的，我知道了。"

任务分解

任务一　VR全景摄影设备组装　　任务二　VR全景摄影设备调试
任务三　VR全景摄影参数设置　　任务四　VR全景图全流程拍摄

任务一　VR全景摄影设备组装

任务单

班级：＿＿＿＿＿＿＿＿　　姓名：＿＿＿＿＿＿＿＿　　学号：＿＿＿＿＿＿＿＿　　日期：＿＿＿＿＿＿＿＿

小组成员：＿＿

任务单说明：请同学们在完成"任务实践"环节中的实操部分后，填写以下任务单。

任务一　VR全景摄影设备组装					
序　号	VR全景摄影设备组装	任务说明	示　例	完成情况	
				已完成	未完成
1	三脚架与全景云台的组装	根据操作步骤组装三脚架与全景云台，注意三脚架需处于水平位置，如图1-1-1所示	图1-1-1　三脚架与全景云台示例图		
2	全景云台和相机的组装	根据操作步骤先将机身与镜头进行组装，再将相机安装在全景云台上，如图1-1-2所示	图1-1-2　全景云台和相机示例图		
备　注	小组中的每位同学，需在组装之前了解任务说明，每完成一项要在相应完成情况处打上√。任务结束后，任课老师进行小组检查				
任务思考	问题①：摄影接片技术和VR全景摄影技术有什么区别？ 问题②：VR全景图和拍摄的单张图像有什么不同？请详细阐述至少三个不同点。 问题③：VR全景摄影技术有哪些应用行业？ 问题④：哪类镜头适合拍摄VR全景图？请详细说明原因。 问题⑤：在组装三脚架、全景云台和相机时，需要注意哪些地方？				

模块一　VR全景图前期拍摄

学习目标

知识目标
◎ 了解VR全景摄影的由来。
◎ 熟悉VR全景图像概况。
◎ 熟悉VR全景摄影应用行业。
◎ 熟悉VR全景摄影的专业设备用途。

能力目标
◎ 能按照操作步骤正确地组装VR全景云台。
◎ 能独立组装相机机身及镜头。

素养目标
◎ 养成严谨细致的工作习惯，注重前期VR全景摄影设备组装的流程细节。
◎ 在面对VR全景摄影拍摄设备组装失误的情况下，及时调整心态，从而养成积极向上、耐心持久的学习态度。

任务描述

VR全景摄影打破了过去观看平面照片的传统方式，通过相机将环绕720°拍摄的一组照片拼接成一个全景图像，并利用互联网的动态交互式特点，给人以接近3D的感觉。

本任务将初步为大家讲解VR全景摄影的相关知识点，并通过对VR全景摄影相关专业设备的组装，使大家对VR全景摄影有初步的了解。

一、VR全景摄影的由来

数码时代的到来为VR全景摄影开辟了新的天地，也展现了前所未有的发展前景。VR全景摄影是由数码全景接片转化升级而来的，很多摄影师在接触VR全景摄影之前都有接片经验。所谓"接片"就是利用相机镜头有限视角范围，对超出镜头视角范围的实际场景进行依次、连续的拍摄，将想要表现的场景全部拍摄下来，然后把拍摄的场景画面依次拼接在一起，形成一张照片，如图1-1-3所示。

图 1-1-3　接片技术

与通常所言的宽幅摄影不同，VR全景摄影是指水平视角360°、垂直视角180°，对三维空间的影像完整捕获，并通过专门软件处理生成一张完整的全景图像的摄影技术。

平时，人们总是用诸如身临其境、置身其中等词语来形容优秀VR全景摄影作品带给我们的感受，如图1-1-4所示。

图 1-1-4 龙潭公园全景漫游

二、VR 全景图像概况

通常，标准的VR全景图是一张画面比例为2∶1的图像，其实本质就是等距圆柱投影所得到的展开图像。等距圆柱投影是将球体上的各个点投影到圆柱体的侧面上的一种投影方式，投影完之后再展开就得到了一张长宽比为2∶1的矩形图像，一个球体展开成为平面的步骤如图1-1-5所示。

图 1-1-5 球体转为平面

随着数字影像技术和互联网技术的快速发展，现在人们已经能够用一个专用的 VR全景播放软件在计算机或移动设备中显示 VR全景图，并可以调整观看的方向，也可以在一个窗口中浏览真实场景，将平面照片变为360° VR全景漫游进行浏览。如果戴上VR头显（虚拟现实头戴式显示设备），还可以把二维的平面图模拟成三维空间，使观看者感到自己就处在这个环境当中。观看者通过交互操作可自由浏览，从而体验VR世界。

三、VR 全景摄影应用行业

VR全景是一个可以承载视频、音频、文字信息等各种媒体内容的特殊内容形式，并且它可以与用户进行交互，能更好地打动用户的心。通过移动终端、PC端以及VR眼镜终端，用户可以很方便地观看VR全景内容。正因为VR全景是对各个终端兼容的载体，它有着广阔的应用空间，接下来就分享各个行业和VR全景结合的应用场景。

（一）房产业

房产开发销售公司可以利用VR全景技术展示楼盘的外观、房屋的结构和布局以及室内设计。置于网络终端，购房者在家中通过网络即可仔细查看房屋的各个方面，不出家门，也能真正"看"到房屋的布局，户型的特点，能提高潜在客户的购买欲望，如图1-1-6所示。

图 1-1-6　房产业

（二）汽车业

汽车内景的高质量VR全景展示，展现汽车内饰和局部细节。客户可以通过汽车外部的全景展示，从每个角度观看汽车外观。观看汽车内景VR全景，会产生一种犹如坐在汽车中的感觉。企业可以在网上构建不落幕的车展，还可以制作多媒体光盘发放给客户，让更多的人实现轻松看车、买车，使汽车销售更轻松有效，如图1-1-7所示。

图 1-1-7　汽车业

（三）教育行业

利用VR全景摄影技术对校园进行全方位的展示，将这些场所连接起来，并和校园平面图结合，既清晰直观，又能体现校园极大的吸引力和魅力，如图1-1-8所示。

图 1-1-8　教育行业

（四）旅游行业

VR全景可以说是旅游公司、官方旅游机构、旅游景点经营者用于展示旅游景区、城市景观魅力的绝佳媒介。VR全景可以将现实中的物体"搬"到线上，1:1还原真实场景，人们可以足不出户地去观看自己想要去的景区，如图1-1-9所示。

图 1-1-9　旅游行业

（五）服务行业

在互联网订房已经普及的时代，在网站上用全景展示各种餐饮和住宿设施是吸引顾客的好办法。利用网络远程虚拟浏览宾馆的外形、大厅、客房和会议厅等各个服务场所，展现宾馆舒适的环境，给客户以实在的感受，促进客户预定客房，如图1-1-10所示。

图 1-1-10　服务行业

四、VR 全景摄影拍摄设备

在前期拍摄VR全景图的过程中，需要用到的拍摄设备主要有单反相机、镜头、全景云台、三脚架等，如图1-1-11所示。

图 1-1-11　拍摄设备

接下来将通过任务实践的形式对各类设备进行组装，帮助读者更深入地认识以上设备。

模块一　VR全景图前期拍摄

📷 任务实践

（1）任务工具：佳能60D相机、8~15 mm鱼眼镜头、三脚架、全景云台。
（2）任务前准备：提前准备好VR全景摄影所需相关器材（见图1-1-12）。

图1-1-12　前期拍摄所需器材

一、任务实施

（一）设备组装——组装三脚架与全景云台

在演示三脚架和全景云台的组装操作前，先介绍这两种设备的在VR全景摄影中的作用。

1. 三脚架

三脚架的主要作用是在拍摄全景图时能很好地稳定相机，以便实现特别的摄影效果。选三脚架时注意，它主要起到一个稳定相机的作用，所以是否结实是需要重点考虑的因素。而且，由于其经常被使用，所以又需要有轻巧方便、易于随身携带的特点。本书使用的是Fotopro三脚架（见图1-1-13）。

2. 全景云台

全景云台是拍摄VR全景图最重要的设备（见图1-1-14），是区别于普通的相机云台的高端拍摄设备，因为在拍摄水平一周之后，还需要拍摄天空与地面，一般云台是没有办法转到90°拍摄天空与地面的。

图1-1-13　三脚架

图1-1-14　全景云台

全景云台上有刻度，水平拍摄一圈，确保精准角度拍摄水平每一张，拍摄好的图片导入到全景拼接软件拼接成全景图。本书使用的是凯唯斯全景云台，云台各个零件的名称如图1-1-15所示。在组装云台前需熟悉这些零件的名称。

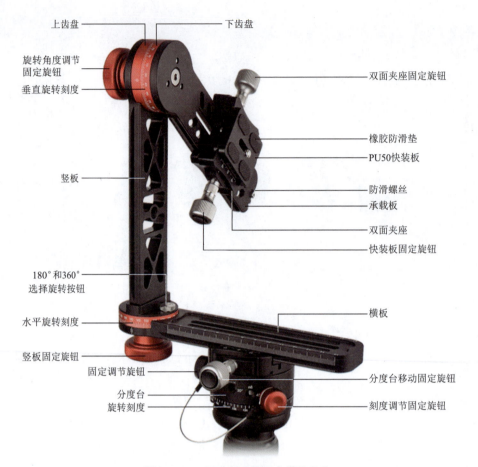

图 1-1-15　凯唯斯全景云台零件名称

了解完以上拍摄设备的基本信息后，接下来，将为大家演示如何组装三脚架与全景云台，具体步骤如下：

步骤 1:
　　将三脚架上的球形云台逆时针旋转，云台即可成功卸下，如图1-1-16所示。

图 1-1-16　卸下球形云台

步骤 2:
　　把三脚架的三个脚架拉开，并将脚架上的三节脚管锁顺时针转动。接着把三个脚管拉动至合适位置后，最后将脚管锁逆时针旋转锁紧即可，如图1-1-17所示。

图 1-1-17　调整三脚架高度

模块一　VR 全景图前期拍摄

步骤 3：

　　将分度云台底部对着三脚架的螺丝接口顺时针转动，即可将分度云台和三脚架成功组装，如图 1-1-18 所示。

图 1-1-18　分度云台安装至三脚架螺丝接口处

步骤 4：

　　观察分度云台上的水平仪是否处于水平位置，若有倾斜，即要调整三脚架的位置，如图 1-1-19 所示。

图 1-1-19　观察水平仪

步骤 5：

　　逆时针旋转分度云台移动固定旋钮，使横板能够卡入凹槽中。然后，顺时针拧紧分度台移动固定旋钮，即可将横板与分度云台成功衔接，如图 1-1-20 所示。

图 1-1-20　组装横板

步骤 6：

　　逆时针转动旋转角度调节固定旋钮，使竖板和承载板呈 180°角，观察垂直旋转刻度，即可知道对应的角度，如图 1-1-21 所示。

图 1-1-21　将竖板和承载板呈 180°角

步骤 7：

　　将快装板从双面夹座卸下。再将双面夹座上的双面夹座固定旋钮逆时针旋转，组装到承载板上后，顺时针旋转将其固定。这样全景云台和三脚架就组装完成了，如图 1-1-22 所示。

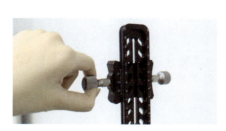

图 1-1-22　安装快装板

（二）设备组装——组装相机和全景云台

在演示相机和全景云台的组装操作前，先讲解在拍摄全景图过程中所使用的相机及镜头的选用标准。

1．单反相机

从理论上来说，所有类型的数码相机都可以用来拍摄VR全景照片，包括单反相机、微单相机、长焦相机等。当然，想要拍摄出高质量的VR全景照片，最好还是使用专业的数码单反相机。这种类型的图像传感器具有优势，响应速度比较快，而且还有丰富的镜头选择、卓越的手控能力以及丰富的附件等，同时拍摄的照片可以非常方便地进行后期处理，能够很好地满足VR全景摄影的要求。本书所使用的是佳能的APS-C画幅相机（EOS60D），如图1-1-23所示。

2．镜头

单反相机所配备的镜头的视角应尽可能大，这样可包含更多的景物，从而减少拍摄次数。拍摄视角范围越窄，制作出一个VR全景图所需拍摄的图片张数也就越多，往往越容易造成拼接错位。

1）鱼眼镜头

为了让镜头达到最大的摄影视角，鱼眼镜头的前镜片直径很短且呈抛物状向镜头前部凸出，和鱼的眼睛很相似，因此有了鱼眼镜头的说法。可以说鱼眼镜头是一种超广角的特殊镜头，它的焦距极短并且视角接近或能达到180°，超出人眼所能看到的范围，如图1-1-24所示。

2）广角镜头

广角镜头又分为普通广角镜头和超广角镜头两种。普通广角镜头的焦距一般为38～24 mm，视角为60°～84°；超广角镜头的焦距为20～13 mm，视角为94°～118°。由于广角镜头的焦距短，视角大，在较短的拍摄距离范围内，能拍摄到较大面积的景物，如建筑、风景等题材，如图1-1-25所示。

3）标准镜头

标准镜头一般定义为焦距和底片画幅的对角线长度基本相等的镜头。这类镜头符合人的视觉习惯，在日常应用时最为常见。无论是焦距、视场角、拍摄范围、景深等都比较适中，可以说是实力均衡，如图1-1-26所示。

图 1-1-23　EOS60D　　　图 1-1-24　鱼眼镜头　　　图 1-1-25　广角镜头　　　图 1-1-26　标准镜头

> **贴士：** 那么在拍摄VR全景时用以上哪种镜头呢？很多从业者在VR全景拍摄时喜欢用鱼眼镜头，主要是因为拍摄完成后，在后期的照片处理过程中可以减少处理照片的数量，这样可以大大减少一些拼接、调色等后期工作，节省后期时间，使得整个工作的处理速度更快一些。

了解完以上相机和镜头的基本信息后，接下来将为大家演示如何组装相机和全景云台，具体步骤如下：

模块一　VR 全景图前期拍摄

步骤 1：
　　将相机机身和 8～15 mm 焦距的鱼眼镜头进行组装。首先需要把机身和镜头的保护盖打开，接着将镜头尾部的红色标志与机身卡口上的相同颜色标志对齐。然后将镜头尾部完全塞入相机卡口，顺时针方向旋转镜头，直至听到清脆的咔嗒声，镜头就安装好了，如图 1-1-27 所示。

　　知识补充： 按下镜头旁的按钮，即可将镜头拆卸。

图 1-1-27　安装镜头与机身

步骤 2：
　　将刚刚取下来的快装板安装至相机。需要注意的是，快装板安装时要和机身呈垂直状态，并且两者拼接时需要连接紧密，这样方便后续的操作，如图 1-1-28 所示。

　　技能拓展： 可以借助一枚硬币将快装板中间的螺丝对上相机底部的螺丝孔后顺时针扭紧。

图 1-1-28　安装快装板

步骤 3：
　　将组装在相机上的快装板安装到双面夹座上，首先需要逆时针旋转快装板固定旋钮，使快装板组装到上面后，顺时针旋转将其固定，如图 1-1-29 所示。这样，全景云台、三脚架和相机三者都组装完成了。

图 1-1-29　安装相机至全景云台上

（三）课中练习——拍摄设备组装

通过对以上设备的组装，初步了解了在VR全景摄影过程中所需的主要拍摄设备。接下来，请同学们尝试一下，看看是否能顺利将三脚架、全景云台及相机进行组装。

（1）设备名称：Fotopro三脚架、凯唯斯全景云台、EOS60D单反相机、焦距8～15 mm鱼眼镜头；

（2）拼接时间：20 min；

（3）最终效果，如图1-1-30所示。

图 1-1-30　组装效果图

引导问题：除了以上内容中所讲到的三脚架、全景云台和相机外，我们在拍摄VR全景图的过程中还可能需要用到哪些设备？

（四）知识补充——其他拍摄设备

1. 航拍拍摄设备

航拍时通常会使用无人机进行拍摄，如图1-1-31所示。其主要特点是：无人机航拍影像具有高清晰、大比例尺、小面积、高显示性的优点，特别适合获取带状地区航拍影像（公路、铁路、河流、水库、海岸线等）；起飞降落受场地限制较小，在操场、公路或其他较开阔的地面均可起降，其稳定性、安全性好。

2. 快门线

快门线（控制快门的遥控线）包含有线和无线两种。使用快门线是为了保证拍摄VR全景时相机保持稳定，并且在使用高杆进行拍摄时更方便。正常拍摄使用普通无线快门线和有线快门线均可，无线的快门线更为方便，有线的快门线更加稳定可靠，如图1-1-32所示。

图 1-1-31　无人机

图 1-1-32　快门线

3. 全景相机

全景相机可分为单目全景相机、双目VR全景相机、多目VR全景相机和组合式VR全景相机，这些类型的相机各有各的定位。例如，单目全景相机用于拍摄高质量的全景图片；双目VR全景相机的特点是方便快捷、便于记录日常生活；多目VR全景相机定位于拍摄VR视频内容，如图1-1-33所示。

单目式

双目式

多目式

组合式

图 1-1-33　各类全景相机

任务总结

阿煜老师："小骄，你来总结一下这次的学习内容吧。"

小骄："本次学习让我了解了VR全景摄影的基本知识，以及初步学习了VR全景图拍摄设备组装步骤，我相信通过这次学习，能为之后VR全景图拍摄打下良好的基础。"

阿煜老师："可不要小瞧了器材的组装。看起来很简单，但是一旦组装错误，就会导致后面拍摄的时候遇到很多问题。所以我们要重视这个环节，并多多练习，相信你在之后的学习中也会更加顺利，加油！"

本任务通过对VR全景摄影相关知识点的学习以及对拍摄设备的组装，初步了解了VR全景摄影的概况，虽然不涉及专业拍摄的要点以及后期拼接的内容，但相信通过后面的学习，能对VR全景图的拍摄有更进一步的了解。

课后练习

1. VR全景摄影是由_____转化升级而来的。
2. VR全景摄影是指水平视角_____度、垂直视角_____度，对_____空间的影像完整捕获，并通过专门软件处理制作为动态漫游左右的摄影技术。
3. 在进行VR全景图拍摄时需要使用什么设备？这些设备的作用是什么？
4. VR全景摄影技术能与什么样的场景进行结合？

知识拓展

全景的起源

"全景"这个词本来出自希腊语，是指各种宽视野的物理空间。

在以前，比普通图像更大更全的图像都可以称为全景。例如，在古代，画家就已经开始创作全景艺术作品了。全景艺术作品因其更广阔的画面带给观看者更强、更震撼的视觉冲击。

我们就从北宋画家张择端绘制的《清明上河图》开始说起，如图1-1-34所示。画幅超过5 m的《清明上河图》在中国乃至世界绘画史上都是独一无二的。在5 m多长的画卷里，共绘制了数量庞大的各色人物，牛、骡、驴等牲畜，轿、房屋、桥梁、城楼等各有特色，体现了宋代建筑的特征。具有很高的历史价值和艺术价值，这算是在中国历史上最早的全景图之一了。

图1-1-34 《清明上河图》

任务评价

	任务一　VR 全景摄影设备组装——评价表			
姓名：	学号：	班级：	小组名称：	
序　号	评估内容	分　值	评分说明	自我评定
1	任务完成情况	40分	按时按要求完成拍摄设备的组装任务	
2	对拍摄设备组装流程的掌握程度	20分	吸收消化技能点，并运用在实践中	
3	个人拍摄设备组装情况	20分	组装步骤无误	
4	团队精神和合作意识	10分	小组成员拍摄设备组装情况	
5	上课纪律	10分	遵守课堂纪律	

任务总结与反思：

小组其他成员评价得分：

_____、_____、_____

组长评价得分：
_____

教师评价：

任务二　VR全景摄影设备调试

任务单

班级：_____　　姓名：_____　　学号：_____　　日期：_____

小组成员：_____

任务单说明：请同学们在完成"任务实践"环节中的实操部分后，填写以下任务单。

任务二　VR全景摄影设备调试					
序号	VR全景摄影设备调试	任务说明	示例	完成情况	
				已完成	未完成
1	镜头节点设置	在正式拍摄VR全景图素材前，需设置好相机的节点，保证两个参照物始终处于重叠状态，如图1-2-1、图1-2-2、图1-2-3所示	图1-2-1　镜头节点设置示例1 图1-2-2　镜头节点设置示例2 图1-2-3　镜头节点设置示例3		

模块一　VR全景图前期拍摄

序 号	VR全景摄影设备调试	任务说明	示　　例	完成情况	
				已完成	未完成
2	VR全景图拍摄	根据任务实施中的拍摄步骤，使用单反相机及匹配的镜头进行VR全景图的拍摄，如图1-2-4所示	图1-2-4　VR全景图拍摄示例		
备 注	小组中的每位同学，需在组装之前了解任务说明，每完成一项要在相应完成情况处打上√。任务结束后，任课老师进行小组检查				
任务思考	问题①：请用自己的语言描述一下什么是视差。为什么VR全景摄影是要尽可能地减少视差呢？ 问题②：为什么在前期拍摄VR全景图的过程中，找到镜头节点是不可缺少的一步？请用自己的语言简述一下镜头节点的调整过程。 问题③：使用8 mm鱼眼镜头和24 mm标准镜头拍摄VR全景图的过程分别是怎样的？				

学习目标

知识目标

◎ 了解VR全景摄影视差原理。

◎ 熟悉VR全景图拼接原理。

◎ 熟悉VR全景摄影设备的调试流程。

能力目标

◎ 能细心观察周边环境，找到辅助查找镜头节点的参照物。

◎ 能根据操作步骤正确地调整镜头节点。

◎ 能根据相机和镜头的类型，找到合适的拍摄角度，并使用全景云台对现场进行取景。

素养目标

◎ 养成严谨细致的学习习惯，注重前期VR全景摄影设备调试的流程细节。

◎ 形成注意VR全景摄影设备调试细节，养成有目的、有意识的观察习惯。

任务描述

制作VR全景图需要先使用摄影拍摄设备捕捉整个场景的图像信息，再使用软件进行拼接。本任务将讲解VR全景图前期拍摄过程，其中包括镜头节点的设置与不同相机镜头的拍摄方法。

知识准备

一、VR全景摄影视差原理

这里的视差是视点误差的意思。VR全景摄影的视差问题是非常值得注意的，如果能理解视差概念，就会知道为什么VR全景摄影会产生错位，基于这一原理才可以完美地拼接出一张VR全景图。

人眼之所以能形成立体的视觉，主要是因为左右眼看到的不同画面所构成的视差。视差指的是在有两个以上的、前后有一定距离的垂直物体的场景中，如果观察位置发生位移，所观察图像中的物体也会发生位移的现象。

例如，人有两只眼睛，它们之间大约相隔65 mm。当我们观看一个物体，两眼视轴落在这个物体上时，物体的映像将落在两眼视网膜的对应点上。这时如果将两眼视网膜重叠起来，它们的视像重合在一起，即会看到单一、清晰的物体。但人类的左眼和右眼看到的图像是不一样的，大脑会将左右眼看到的不同的图像进行合成，从而形成立体视觉，如图1-2-5所示，并可以辨别图像的深度信息，所以人眼可以看到三维世界。

小实验： 如果我们用右手伸出一根手指，闭上左眼，睁开右眼，让手指和远处墙角的竖线重合，三点一线，这时候手指不动，闭上右眼，睁开左眼，我们会发现手指与远处墙角的竖线不重合了，墙角的竖线往左偏移了一段距离，如图1-2-6所示。在这个实验当中，人眼所在这个观察位置被称为视点。当前景和后景的位置没有发生变化的时候，视点的位置如果发生变化，所看到的景象也是不一样的。

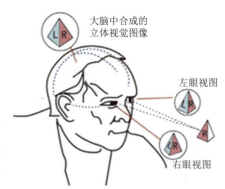

图 1-2-5 立体视觉示意图

VR全景摄影是要尽可能地减少视差的存在，才可以将两个相邻的画面更好地拼接起来。我们要保证相邻的每两个画面没有位移，就需要使镜头围绕一个圆心旋转来记录画面，如何才能使镜头围绕着一个圆心旋转记录画面呢？这时就需要了解镜头最小视差点的概念。

模块一　VR全景图前期拍摄

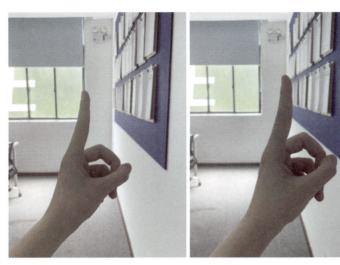

图 1-2-6　视差实验

　　镜头最小视差点又称镜头节点，拍摄VR全景图时需要让镜头围绕一个圆心旋转并进行拍摄，但是在拍摄的过程中，随便找一个圆心是不行的，必须让相机围绕镜头节点旋转，这样才可以拍摄出没有错位的VR全景图素材。

二、VR全景图拼接原理

　　VR全景图的拼接算法都基于两个画面的相关性，将相关性作为拼接的参考元素才可以成功拼接，所以我们拍摄的相邻两张图片必须要有足够的，能提供给计算机识别和计算位置关系的重叠画面样本，这是成功拼接图片的必要条件。

　　在VR全景图中，所拍摄的相邻两个画面的图片至少要保证有25%的重叠才可以有效地拼接，如图1-2-7所示。

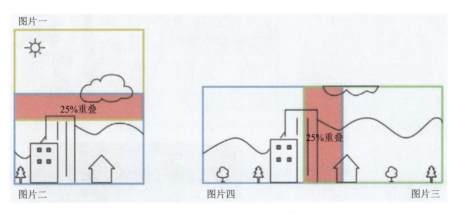

图 1-2-7　至少 25% 重合度

　　图1-2-8所示的待拼接的图片素材共有6张，这里就有6个重叠区域（最左、最右两张图片也是重叠的，这里未标注），红色区域是相互重叠的内容，这样图片一和图片二就可以通过拼接软件进行拼接处理。这6张图片素材两两重叠就可以拼接出水平视角为360°的影像，如果中间有1张图片缺失，就会导致整个图片无法完整拼接，所以相邻图片之间的相互重叠是必需的。

图 1-2-8　6 张照片素材拼接示意图

接下来将通过任务实践来了解如何设置镜头的节点,并进行VR全景图素材的拍摄。

🎯 任务实践

(1)任务工具:佳能60D相机、8~15 mm鱼眼镜头、三脚架、全景云台、备用三脚架、瓶子(或者其他标志物);

(2)任务前准备:提前准备好本次任务所需相关设备。

一、任务实施

(一)镜头节点设置

组装好三脚架、全景云台及相机。通过远近物对比法进行节点校准工作,找准节点后进行VR全景图的拍摄,具体步骤如下:

步骤1: 　　组装全景云台、三脚架及相机,如图1-2-9所示。	 图 1-2-9　组装全景云台、三脚架及相机
步骤2: 　　打开相机,设置网格辅助工具。按下"MENU"菜单按钮,相机界面即可弹出菜单项目。向右滚动主拨盘,找到第四设置页,如图1-2-10所示。	 图 1-2-10　滚动主拨盘找到第四设置页

步骤3：
　　向右转动速控转盘，选择"显示网格线"一栏，单击"SET"按钮（即"确定"键），即可进入显示网格线设置界面，如图1-2-11所示。

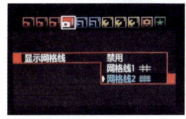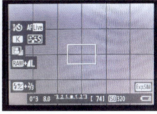

图 1-2-11　进入显示网格设置界面

步骤4：
　　向右转动速控转盘，选中网格线2后，按下"SET"键即可切换相机显示屏网格线类型。按下"实时显示拍摄"按钮，即可看到屏幕上的网格线数量增多，如图1-2-12所示。

图 1-2-12　选择网格线 2

步骤5：
　　将分度云台最中间的螺丝对准相机网格最中心的交叉点。首先将镜头垂直朝下，观察相机页面的中间线是否对准分度云台中心的水平线，如图1-2-13所示。如没有，就说明之前的快装板与机身没有做到垂直，这时候需要将快装板重新调整角度，直至相机页面的中间线对准分度云台中心的水平线。

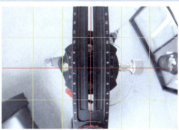

图 1-2-13　确认网格中心线是否与分度云台中心水平线对齐

步骤6：
　　将网格线中心点与分度云台中间的螺丝对齐。扭松分度台夹座锁紧按钮，前后拖动横板，直至网格中心点与分度云台中间的螺丝对齐即可，如图1-2-14所示。

图 1-2-14　将网格中心点与分度盘中间的螺丝对齐

步骤7：
　　将相机网格线与分度盘中间的螺丝对齐后，扭动旋转角度调节固定旋钮将相机翻转至与全景云台平行，如图1-2-15所示。

图 1-2-15　将相机翻转至与全景云台平行

在镜头前30 cm左右的位置竖立备用的三脚架或其他细一些的竖直物体，调整好三脚架的高度和位置，使之与远处的竖直边缘重合，并且需要两者均处于相机网格线的中央，如图1-2-16所示。

图 1-2-16　寻找参照物进行节点查找

步骤 8：
　　转动全景云台使中间的参照物（三脚架）依次位于相机屏幕画面中的左侧网格和右侧网格，并观察中间的参照物是否与远处的参照物重合，如没有重合，则需前后移动双面夹座，如图1-2-17所示。扭松双面夹座固定按钮即可对双面夹座进行调整。调整双面夹座时，需要同步观察相机画面，如果两个参照物随着双面夹座的移动越来越靠近，则说明双面夹座移动的方向是正确的，如图1-2-18所示。

图 1-2-17　前后移动双面夹座进行节点调整

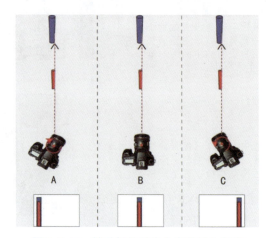

图 1-2-18　转动相机观察参考物重合程度

步骤 9：
　　移动双面夹座，直至两个参照物与相机网格线的中间、左侧和右侧完全重叠在一起，镜头的节点即可调整完成，如图1-2-19所示。

图 1-2-19　节点调整正确时的画面

模块一　VR全景图前期拍摄

反之，如果两个参照物离得越来越远，则节点调整失败，如图1-2-20所示。

贴士：确定相机与全景云台前后的距离时，全景云台上会有对应的刻度，请记录下这组数据和对应的镜头参数。在下一次做拍摄VR全景图的前期准备工作时就可以不用再次校对，只需要按照之前对应的刻度关系进行调整即可。

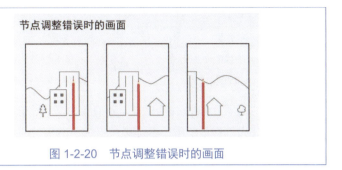

图 1-2-20　节点调整错误时的画面

镜头节点调整完成的效果如图1-2-21所示。

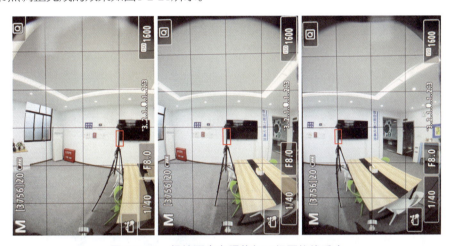

图 1-2-21　保持两个参照物与三根网格线重合

（二）VR全景图拍摄——8 mm鱼眼镜头

调整完镜头节点后，就可以正式进入VR全景图拍摄的学习了。通过之前对VR全景图拼接原理的学习，了解到所拍摄的相邻两个画面的图片至少要保证有25%的重叠才可以有效拼接，那我们又该如何拍摄这样的画面呢？在拍摄前，需要先了解拍摄照片的数量，这对于前期素材的拍摄来说是非常重要的。

想要了解合成一张VR全景图需要拍摄几张照片，就需要了解不同类型的镜头对应的拍摄张数。以佳能全画幅相机对应的镜头拍摄VR全景所需要的拍摄张数及云台转动角度为例，不同焦距的镜头拍摄VR全景图对应的拍摄张数见表1-2-1。

表 1-2-1　不同焦距的镜头拍摄 VR 全景图对应的拍摄张数

镜头类型	360°需要拍摄张数	每张拍摄转动角度
8 mm鱼眼镜头	4	90°
12 mm鱼眼镜头	5	72°
14 mm鱼眼镜头	6	60°
15 mm鱼眼镜头	6	60°
16 mm鱼眼镜头	6（1圈）	60°

续表

镜头类型	360°需要拍摄张数	每张拍摄转动角度
18 mm直线镜头	8+8+8（3圈）	45°
24 mm直线镜头	10+10+10（3圈）	36°

通过对拍摄照片张数和不同焦距的镜头拍摄VR全景图的关系的学习，我们知道如果单张照片可以拍摄到比较大的视角范围，就能以数量较少的照片拼接成一张VR全景图。所以VR全景摄影通常使用8～15 mm的鱼眼镜头。使用8 mm鱼眼镜头一圈拍摄4张照片（不含补天和补地）就可以成功拼接出1张横轴360°的全景，包含天空和地面以及补地的记录也最多不超过10张，这样可以减少拍摄工作量及后期拼接时间，从而提高效率与质量。

接下来将通过使用8 mm焦距的鱼眼镜头搭配佳能APS-C画幅相机的组合来为大家讲解VR全景图的拍摄过程，具体步骤如下：

注：本次任务所使用的镜头为适用于全画幅的鱼眼镜头，因为搭配在APS-C画幅相机中，所以它的镜头焦距需要乘以1.6，这代表着它的等效焦距实际上是12 mm左右。通过实际拍摄发现，只需要按照每90°拍一圈，360°总共拍四张照片的方法也能成功拼接出1张横轴360°的全景，所以还是以8 mm鱼眼镜头的拍摄方法来讲解操作过程。

步骤1：

找好镜头节点后，将镜头焦距固定在8 mm，顺时针旋转变焦环，将焦距值调整到8 mm即可，如图1-2-22所示。

知识补充： 镜头焦距的长短决定了成像大小、视场角大小和景深，以及画面的透视强弱。根据焦距和拍摄范围，镜头可分为鱼眼镜头、广角镜头、标准镜头和长焦镜头等。焦距数值越小，焦距越短，视野越宽广，取景范围就越大，反之亦然。

图1-2-22 将焦距调整到8 mm

步骤2：

保持全景云台上垂直旋转刻度为"90°"。观察分度云台上的旋转刻度，先将旋转刻度转到"0°"，如图1-2-23所示。

图1-2-23 将"旋转刻度"转到"0°"

步骤3：

按下快门键，即可拍摄完成第一张全景图素材，如图1-2-24所示。

图1-2-24 拍摄全景素材图

图 1-2-25　将旋转刻度依次转到 90°、180°、270°

步骤 4：

　　然后将旋转刻度依次转到 90°、180°、270°，拍下三张照片，如图 1-2-25 所示。这样，总共 4 张 360° 的全景照片素材拍摄完成，如图 1-2-26 所示。

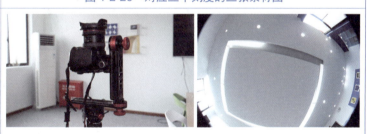

图 1-2-26　对应三个刻度的三张素材图

步骤 5：

　　拍摄完 360° 一周的场景后，就可以进行补天和补地拍摄了。首先，将垂直旋转刻度转到 180°，这时候相机镜头是完全朝天的。因为使用的是 8 mm 的鱼眼镜头，其视角在水平和垂直两个方向都是 180° 左右，所以只需要朝天拍一张照片即可，如图 1-2-27 所示。

图 1-2-27　将相机镜头朝天拍摄一张全景图素材

　　补天拍摄完成后即可进行最后的补地拍摄，接下来将为大家讲解在 VR 全景摄影中最常用的补地方法——外翻补地。外翻补地可用于大多数场景，因为使用这种方法拍摄的图片素材质量高，后期拼接的效率和精准度都较高，具体操作步骤如下：

步骤 1：

　　将相机垂直朝下拍摄一张带三脚架但是节点准确的照片，如图 1-2-28 所示。

图 1-2-28　相机垂直朝下拍摄一张全景图片素材

步骤2：

在三脚架正对着的地面中心位置放置一枚硬币或标志物，如图1-2-29所示。

步骤3：

将相机旋转外翻。扭松竖板固定旋钮，并将全景云台上半部分转至180°，接着扭紧竖板固定旋钮，如图1-2-30所示。

图 1-2-29　放置标志物　　　　图 1-2-30　将相机旋转外翻

步骤4：

平移三脚架，让相机的上网格中心点与一开始放置地面上的标志物重叠，如图1-2-31所示。

图 1-2-31　将平移三脚架中心点与一开始放置地面上的标志物重叠

步骤5：

按下快门键拍下第二张补地素材，如图1-2-32所示。

图 1-2-32　拍摄第二张补地素材

模块一　VR全景图前期拍摄

步骤6：
　　将分度云台旋转180°，使用与步骤4同样的方法，让网格中心点与标志物对齐后，对另一边地面进行补地拍摄，如图1-2-33所示。

图 1-2-33　进行另一边地面的补地拍摄

完成以上操作，总计三张补地全景图素材就拍摄完成了，如图1-2-34所示。

图 1-2-34　三张补地照片素材

总结：使用APS-C画幅相机（佳能60D）搭配焦距8 mm鱼眼镜头，总计拍摄8张VR全景图素材（4张360°+1张补天+3张补地）。

引导问题：在拍摄VR全景图的过程中，我们需要避免哪些情况的发生？

（三）VR全景图拍摄——18 mm 标准镜头

前面详细讲解了如何使用8 mm焦距的鱼眼镜头进行拍摄，那如果换成视角比较小的18 mm标准镜头，又该如何拍摄呢？接下来，为大家简单讲解拍摄步骤：

步骤1：镜头每水平转动30°拍摄1张照片，顺时针旋转1圈合计拍摄12张，获取水平方向360°的

1-27

影像。

步骤2：调整垂直旋转刻度为+45°，将镜头向上仰45°，同样每间隔30°拍摄1张照片，顺时针旋转1圈合计拍摄12张照片，获取斜上方向360°的影像。

步骤3：调整垂直旋转刻度为-45°，将镜头向下调45°，同样每间隔30°拍摄1张照片，顺时针旋转1圈合计拍摄12张照片，获取斜下方向360°的影像。

步骤4：调整垂直旋转刻度为180°，将镜头垂直向上拍摄1张照片，平行转动全景云台，旋转90°再拍摄1张照片，获取最高视角的影像。

步骤5：调整垂直旋转刻度为-90°，将镜头垂直向下拍摄1张照片，平行转动全景云台，旋转90°再拍摄1张照片，获取最低视角的影像。

步骤6：最后使用外翻补地法拍摄1张。

拍摄总结如图1-2-35所示，总计拍摄41张照片。

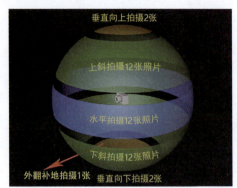

图 1-2-35 使用标准镜头拍摄的方法

（四）课中练习——VR 全景图拍摄

接下来，请同学们根据以上操作步骤，进行VR全景图拍摄的练习。大家可以使用上述任务步骤中所使用的相机和镜头，也可以参考表1-2-2中的信息来进行拍摄。注意一定要保证所拍摄的相邻两张图片至少有25%的重合度。

表 1-2-2 佳能全画幅相机镜头参考表

镜 头 类 型	360°需要拍摄张数	每张拍摄转动角度
8 mm鱼眼镜头	4	90°
12 mm鱼眼镜头	5	72°
14 mm鱼眼镜头	6	60°
15 mm鱼眼镜头	6	60°
16 mm鱼眼镜头	6（1圈）	60°
18 mm直线镜头	8+8+8（3圈）	45°
24 mm直线镜头	10+10+10（3圈）	36°

（1）设备名称：三脚架、全景云台、单反相机、镜头、竖直参考物、标志物。

（2）拍摄时间：30 min。

（3）最终效果：如图1-2-36所示。

IMG_9346

IMG_9356

IMG_9357

IMG_9358

图 1-2-36 使用佳能 APS-C 画幅相机 +8 mm 鱼眼镜头所拍摄 8 张照片素材

模块一　VR 全景图前期拍摄

　　IMG_9359　　　　　　IMG_9360　　　　　　IMG_9363　　　　　　IMG_9364

图 1-2-36　使用佳能 APS-C 画幅相机 +8 mm 鱼眼镜头所拍摄 8 张照片素材（续）

任务总结

　　阿煜老师："小骄，你来总结一下这次的学习内容吧。"

　　小骄："本次学习让我初步了解了VR全景图的拍摄过程。在学习的过程中，我知道了镜头节点的重要性，以及原来由于相机和镜头的不同，它的拍摄方法也不一样。虽然这是我第一次尝试拍摄VR全景图素材，还有点生疏，但我相信通过后面的学习，我能掌握好这门技术。"

　　阿煜老师："是呀，VR全景摄影可不是个简单的技术。起初的生疏是很正常的，但我相信你之后通过一次又一次的学习，能很好地掌握这门技术的，加油！"

　　本任务通过对VR全景摄影视差原理和拼接原理的学习，以及对镜头节点和全景图拍摄的实践操作，帮助学生巩固复习上一任务的知识技能点，并进一步了解了VR全景摄影技术。

知识拓展

相机画幅

　　画幅实际上很好理解。以前的相机是用胶片作为感光元件记录图像，但现在是用电子感光元件记录图像。就像胶片有很多尺寸一样，数码时代不同的相机画幅代表了不同尺寸的感光元件（包括CCD和CMOS）。

　　自诞生以来，数码相机一直拥有多种尺寸不同的传感器，不同的传感器有不同的名称，例如全画幅、APS-C画幅、M4/3 画幅、1英寸（1英寸=2.54 cm）等。

　　画幅是对相机中的感光元件的大小的一种称呼，35 mm全画幅传感器可以将镜头转化的像场完整地记录下来，但是APS-C画幅传感器只可以记录像场的一部分，就像是对全画幅传感器记录的影像进行剪裁后所获得的画面。APS-C画幅覆盖的像场更小，本书所使用的是APS-C画幅的相机，如图1-2-37所示。

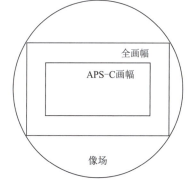

图 1-2-37　全画幅与 APS-C 画幅对比

课后练习

　　1. 镜头最小视差点又称＿＿＿＿＿＿，拍摄VR全景图时必须让相机围绕＿＿＿＿＿＿旋转，这样才可以拍摄出没有错位的VR全景图素材。

　　2. VR全景图的拼接算法都基于＿＿＿＿＿＿的相关性，将相关性作为拼接的参考元素才可以成功拼接，所以我们拍摄的相邻两张图片至少要保证有_____的重叠。

3．镜头_____的长短决定了成像大小、视场角大小和景深，以及画面的透视强弱。

4．根据焦距和拍摄范围，焦距数值越_____，焦距越短，视野越宽广，取景范围就越大。

5．根据焦距的拍摄范围，镜头可分为哪几种镜头？

6．VR全景摄影设备的调试过程大致为哪些步骤？

任务评价

任务二　VR全景摄影设备调试——评价表					
姓名：		学号：	班级：	小组名称：	
序　号		评估内容	分　值	评分说明	自我评定
1		任务完成情况	40分	按时按要求完成拍摄设备的组装任务	
2		对镜头节点调整方法的掌握程度	20分	吸收消化技能点，并运用在实践中	
3		个人VR全景图拍摄情况	20分	拍摄步骤无误	
4		团队精神和合作意识	10分	小组成员VR全景图拍摄情况	
5		上课纪律	10分	遵守课堂纪律	

任务总结与反思：

小组其他成员评价得分：
_____、_____、_____、_____

组长评价得分：
_____

教师评价：

任务三　VR 全景摄影参数设置

任务单

班级：_____　姓名：_____　学号：_____　日期：_____

小组成员：_____

任务单说明：请同学们在完成"任务实践"环节中的实操部分后，填写以下任务单。

<table>
<tr><td colspan="5" align="center">任务三　VR 全景摄影参数设置</td></tr>
<tr><td rowspan="2">序号</td><td rowspan="2">VR全景摄影参数设置</td><td rowspan="2">任务说明</td><td rowspan="2">示　例</td><td colspan="2">完成情况</td></tr>
<tr><td>已完成</td><td>未完成</td></tr>
<tr><td>1</td><td>相机参数的设置</td><td>根据操作步骤对相机参数进行设置（长宽比+照片格式+拍摄模式+ISO+快门+感光度），如图1-3-1所示</td><td> 图 1-3-1　相机参数的设置</td><td></td><td></td></tr>
<tr><td>2</td><td>自动包围曝光功能的使用</td><td>根据操作步骤，设置曝光补偿/自动包围曝光，对每个角度的场景连续拍摄3张不同曝光的照片，如图1-3-2所示</td><td> 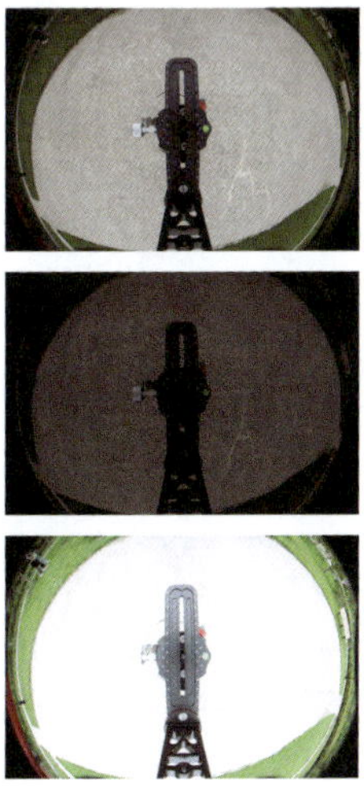图 1-3-2　自动包围曝光功能的使用示例图</td><td></td><td></td></tr>
</table>

序号	VR全景摄影参数设置	任务说明	示例	完成情况	
				已完成	未完成
3	Photomatix Pro软件的使用	根据操作步骤，对"飞扬岛风景区素材"及"后花园素材"的数十张素材进行曝光合成，如图1-3-3所示	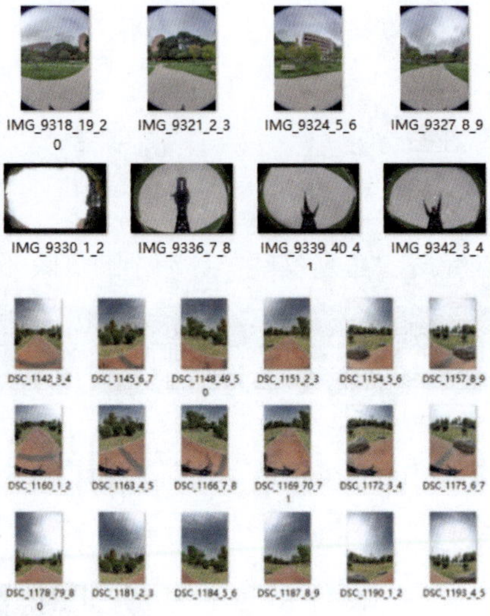 图 1-3-3　曝光合成效果图		
备注		小组中的每位同学，需在组装之前了解任务说明，每完成一项要在相应完成情况处打上√。任务结束后，任课老师进行小组检查			
任务思考		问题①：在正式拍摄前需要设置哪些相机参数？为什么？ 问题②：简述光圈、快门及感光度对拍摄VR全景图的重要性。 问题③：如何解决在拍摄VR全景图的过程中画面过曝的问题？			

学习目标

知识目标

◎ 了解光圈、快门及感光度的作用。

◎ 熟悉光圈、快门及感光度的设置要点。

◎ 熟悉解决拍摄画面过曝的方法。

模块一　VR 全景图前期拍摄

能力目标
◎ 能根据现场拍摄环境，对相机参数进行设置。
◎ 能在遇到画面光比过大的情况下，解决画面过曝的问题。
◎ 能使用Photomatix Pro软件对拍摄的素材进行合成。

素养目标
◎ 养成严谨细致的拍摄习惯，注重前期相机的参数调整。
◎ 能注意到拍摄现场的光线情况，养成有目的、有意识的观察习惯。

任务描述

想要拍摄出一张优质的 VR 全景图，需要做足前期准备。前三个任务讲解了如何对拍摄设备进行组装以及如何使用不同的镜头拍摄VR全景图。

本任务将了解一些相机的操作及设置方法，通过对相机参数进行调整，达到拍摄出高质量全景图素材的目标。

知识准备

一、光圈、快门、感光度

准确的曝光，是成功拍摄一幅摄影作品的重要元素之一，而光圈、快门和感光度三个参数很大程度影响着曝光。

（一）光圈

光圈，又称焦比，是相机上用来控制镜头孔径大小的部件，可以控制景深、镜头成像质素。光圈的大小用"F+数值"表示，如F7、F8。F后面的数值越大，光圈越小。

一般在拍摄VR全景图时可以选择F8的光圈；在远景距离不远时，如室内拍摄，可以选择大一点的光圈，如为F7、F5.6等，尽量不用最大光圈，除非有特殊情况。在室外，如果光线好，用全画幅相机拍摄时可以用更小的光圈，如F9、F11，最好不要用小于F13的光圈。

（二）快门

快门就是相机用来控制光线照射感光元件时间的装置，简单地说，就是控制曝光的一个进光量的闸门。快门单位的是秒，一般用1 s、1/50 s、1/100 s⋯⋯这种形式来表示快门速度。

在拍摄VR全景图时，应该如何设置快门速度呢？在拍摄VR全景图时如果被摄物是静止的，如房间、风光等，因为专业的VR全景摄影是需要三脚架和全景云台的，这时候就可以靠降低快门速度来保证画面清晰。将感光度固定为低感光度，光圈值固定为F11，快门速度根据测光标尺确定的数值进行拍摄。

值得注意的是，如果快门速度过慢，建议使用快门线或无线遥控器控制相机，或者设置为10 s定时拍摄，防止因为手的晃动，让画面变得模糊。

（三）感光度

感光度又称ISO，指相机对光线的敏感程度。感光度越高，感光元件对光线的敏感度越强；感光度越低，感光元件对光线的敏感度越低。

1-33

一般情况下，我们建议在室外或光线充足的情况下尽量使用低感光度，可以把ISO值控制在100～200，这样可以保证更好的画质并提高细节表现力。在室内，可以相应提高ISO值，例如将其控制在200～400。

以上说的只是一般情况，如果遇到特殊情况，设置则不同。例如在比较暗的会场中，人头攒动，应优先保证快门速度，设定好光圈后，如果曝光还是有些欠缺，这时就只能调整感光度了。毕竟噪点和拖影相比，噪点的后期处理更方便。所以要具体情况具体分析。

不同ISO值的建议拍摄条件参见表1-3-1。

表 1-3-1　不同 ISO 值对应的拍摄条件

ISO 值	拍摄条件（不使用闪光灯的情况）
100～400	天气晴朗的室外
400～1600	阴天或傍晚
1600～2500	黑暗的室内或夜间

总结：

第1行表示光圈，从左往右光圈越大（F值越小），景深越小，背景越来越模糊。

第2行表示快门，下面的数值表示快门速度，分母越小，快门速度越慢，拍摄出的运动的物体越模糊。

第3行表示感光度，ISO值越大，照片的噪点也就越多，如图1-3-4所示。

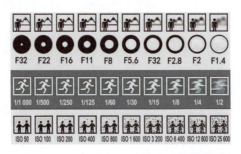

图 1-3-4　光圈、快门、感光度对画面的影响

二、图像曝光

拍摄时遇到逆光等大光比情况，画面中最亮和最暗处的亮度相差太大，会导致相机无法记录，画面要么过曝，要么欠曝。例如正午被阳光直射的窗户和屋内没有阳光的环境的光比非常大，如果按照屋内的明暗程度设置曝光值，固定参数后拍摄，屋内画面曝光准确，但是屋外会过曝，从而导致环境细节全部丢失。图1-3-5所示为屋内画面曝光准确，红框内为屋外画面过曝的情况。

在拍摄VR全景图时，如何保证在大光比环境下拍摄的照片曝光准确呢？

解决方法：开启自动包围曝光拍摄多张等差曝光量的照片，如图1-3-6所示。相机通过自动更改快门速度或光圈值，用包围曝光（±3级范围内以1/3级为单位调节）连续拍摄3张照片，欠曝、正常、过曝情况下照片各1张，再通过后期软件从3张曝光情况不同的照片中取其各自准确曝光的地方合成1张照片，这样就可以解决大光比环境下拍摄出的照片曝光不准的问题。

接下来将通过对任务实践，让大家详细了解如何解决拍摄时遇到逆光等大光比的情况。

模块一　VR 全景图前期拍摄

图 1-3-5　过曝画面

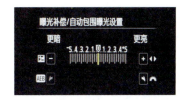

图 1-3-6　自动包围曝光设置界面

📷 任务实践

（1）任务工具：佳能60D相机、8～15 mm鱼眼镜头、三脚架、全景云台、备用三脚架、水瓶（或者其他标志物）、Photomatix Pro软件。

（2）任务前准备：提前准备好本次任务所需相关器材和软件。

一、任务实施

（一）VR 全景摄影拍摄参数的设置

我们在正式拍摄VR全景图前需要做足前期准备，对相机的参数进行设置是拍摄出清晰的全景图素材最为关键的一步，具体步骤如下：

步骤1： 　　打开相机，按下"MENU"菜单按钮，相机界面即可弹出菜单项目。向右滚动主拨盘，找到第四设置页中的"长宽比"选项。将"长宽比"的比例选为3∶2，单击"SET"键即可完成设置，如图1-3-7所示。 　　知识补充：由于我们是通过相邻两张照片的重叠来进行拼接的，因为CMOS的长宽比是3∶2，所以我们需要把相机拍摄画面的长宽比也设置为3∶2，让记录的画面尽可能地充分利用相机的画幅。	 图 1-3-7　设置长宽比
步骤2： 　　接着，在菜单项目中找到第一设置页中的"画质"选项，选择"RAW+JPEG"两种图像格式，如图1-3-8所示。 　　知识补充：由于在进行VR全景图拍摄的过程中，会遇到光线较为复杂的场景，这时候需要RAW格式来处理图像，所以我们需要将相机记录图像的格式设定为RAW+JPEG格式。	  图 1-3-8　设置图像格式
步骤3： 　　然后，我们需要将相机的拍摄模式设置为"M"档，按住模式转盘上的"小圆圈"不放，将"M"档转至右侧的白色标记处即可设置完成，如图1-3-9所示。 　　知识补充：相机的上方转盘通常会有很多种拍摄模式，为了保证在拍摄VR全景图时参数是统一的，需要使用"M"（手动曝光）模式进行拍摄。	 图 1-3-9　将相机拍摄模式设置为"M"档

步骤 4：

设置完以上相机的基础参数后，就可以根据拍摄场地的光线情况进行"ISO""快门"和"光圈"的设置了。

如通过调整以上三个参数，拍出来照片还是无法避免"画面过曝"的情况，我们可以设置曝光补偿/自动包围曝光，连续拍摄3张照片，欠曝、正常、过曝情况下照片各1张，再通过后期软件将3张曝光情况不同的照片合成曝光合适的照片，如图1-3-10所示。

图 1-3-10　"ISO""快门"及"光圈"的设置

步骤 5：

按下"MENU"菜单按钮，相机界面即可弹出菜单项目。向右滚动主拨盘，找到第二设置页中的"曝光补偿/AEB"选项，单击"SET"按钮，进入设置界面，向右滚动主拨盘6下，使曝光补偿量为"2"，如图1-3-11所示。

图 1-3-11　设置自动包围曝光为"+2"及"-2"

步骤 6：

设置完曝光补偿/自动包围曝光后，连按三次相机快门键，可以依次拍出过正常曝光、欠曝和过曝的照片。也可以设将相机驱动模式改为"十秒定时拍摄"，这样按一次快门，等待十秒，相机会自动拍完3张不同曝光程度的照片，并且也很大程度避免了在按快门键时因相机抖动而导致拍摄的画面模糊的情况发生，如图1-3-12所示。

图 1-3-12　正常曝光、欠曝和过曝的 3 张照片

步骤 7：

调整完以上参数后，即可根据上两个任务中的操作步骤进行VR全景图素材的拍摄，每个角度各3张照片，最终得到24张照片，如图1-3-13所示。

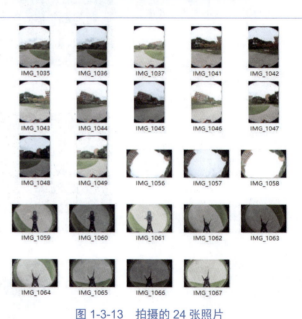

图 1-3-13　拍摄的 24 张照片

拍摄完素材后，需要使用Photomatix Pro软件对不同曝光的照片（RAW格式）进行合成。

模块一　VR 全景图前期拍摄

（二）Photomatix Pro 软件的使用

Photomatix Pro软件操作步骤如下：

步骤 1：

　　打开Photomatix Pro软件。单击左侧的"批处理包围曝光的照片"选项，如图1-3-14所示。

图 1-3-14　单击"批处理包围曝光的照片"

步骤 2：

　　在弹出的"批处理包围曝光的照片"界面，找到来源选项区，单击"单个文件"中的"选择文件"，将文件夹"后花园素材"中的所有RAW格式图片选中，单击右下角的"打开"按钮，如图1-3-15所示。

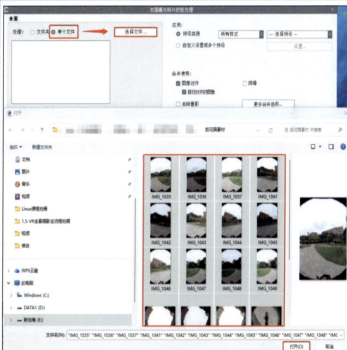

图 1-3-15　导入 raw 格式的照片素材

步骤 3：

　　在"包围曝光选择"选项区，选中"合并"单选按钮，选择3个图像/每次。这是因为素材中拍摄了3张不同曝光的照片，如图1-3-16所示。

图 1-3-16　选择 3 个图像 / 每次

步骤 4：

　　单击"目标"选项区，保存结果到"源文件夹内的子文件夹"中，另存为的格式设置为JPEG（.JPG）；品质设置为100。需要注意的是，在下方"创建32位未处理合并的文件"复选框处取消勾选，这步操作是为了避免后续多生成文件，如图1-3-17所示。

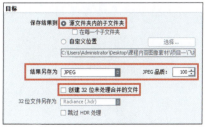

图 1-3-17　设置照片储存位置及格式

步骤 5：
在"应用"选项区中的"预设类别"选择"自然"，勾选"合并使用"选项区内的"图像对齐""降噪""裁切对齐的图像"复选框。若图像中有人物时我们需要勾选"去除重影"复选框，如图1-3-18所示。

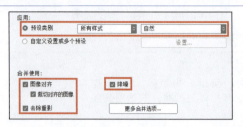

图 1-3-18　在"应用"及"合并使用"选项区进行设置

步骤 6：
单击"更多合并选项"选项，在弹出的选项框中，勾选"其他预处理设置"中的"减少色差"复选框，单击"确定"按钮，如图1-3-19所示。

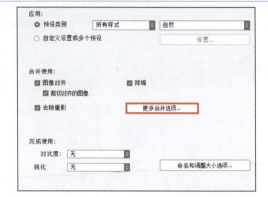

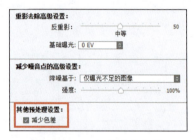

图 1-3-19　勾选减少色差

步骤 7：
在"完成使用"界面将对比度与锐化均选择为"无"，单击"运行"按钮，如图1-3-20所示。

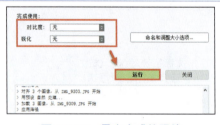

图 1-3-20　导出合成的照片

步骤 8：
"运行"结束后关闭软件，找到原素材位置，发现已经三合一合成好了8张照片，如图1-3-21所示。

图 1-3-21　合成的素材

（三）课中练习—飞扬岛风景区素材合成

通过对以上图像素材的合成，我们初步学习了如何使用Photomatix Pro软件对三张不同曝光的照片进行合成。接下来，请同学们尝试一下将飞扬岛风景区素材中的54张照片成功合成为18张曝光正常的照片。

（1）素材名称：飞扬岛风景区素材。

（2）拍摄时间：10 min。

（3）最终效果：如图1-3-22所示。

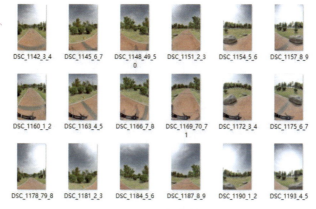

图1-3-22　飞扬岛效果图

引导问题：在拍摄全景图的过程中，如何判断画面的曝光情况？

任务总结

阿煜老师："小骄，你来总结一下这次的学习内容吧。"

小骄："本次学习让我了解了想要拍摄出一张优质的VR全景图，需要对相机的ISO、快门、感光度等参数进行设置，也学会了如何使用自动包围曝光功能解决画面过曝的问题。希望自己能在之后的拍摄中，牢记这些拍摄要点，避免拍摄出无效的VR全景图素材。"

阿煜老师："其实在设置拍摄参数的过程中，会遇到很多的问题。但是你都很好地解决了它们，看来你已经将这些知识很好地消化了。希望你在之后的学习中，保持对这门技术的好奇心和热情，继续勇往直前！"

本任务通过对ISO、感光度、光圈等相机参数的学习，让学生了解到如何根据环境的不同设置正确的参数。同时，也让他们意识到"曝光"对画面的重要性，引导他们学习如何使用自动包围曝光功能及使用Photomatix Pro软件解决画面过曝的问题。

课后练习

1. 一般在拍摄VR全景图的时候光圈可以选择光圈值为_____的光圈；在远景距离不远时，如室内拍摄，可以选择大一点的光圈，如光圈值为_____的光圈等，尽量不用最大光圈，除非有特殊情况。在室外，如果光线好，用全画幅相机拍摄时可以用更小的光圈，如光圈值为_____的光圈，光圈值最好不要小于_____。

2. 一般情况下，我们建议在室外或光线充足的情况下尽量使用_____感光度，可以把ISO值控制在_____，这样可以保证更好的画质并提高细节表现力。而在室内，可以相应_____ISO值，例如将其控制在_____。

3. 如果快门速度过慢，我们可以使用什么方法防止拍摄画面模糊？

4. 应如何解决拍摄时遇到逆光等大光比情况？

知识拓展

光圈、快门及感光度之间的关系

将拍一张曝光正常的照片比喻为接满一桶水，用水龙头阀门的大小代表光圈，用水流时间代表快门，ISO代表滤网。假定ISO不变的情况下，如果把水龙头阀门拧小，那么接满一桶水的时间就会变长；如果把水龙头拧大，那接满一桶水的时间就会缩短。所以光圈和快门是此消彼长的动态平衡关系。

ISO起到滤网的作用，ISO越大，表示滤网的空隙越大，出水量就越大，但是杂质也会越多，拍出来的照片就会有很多的颗粒噪点。反之，ISO越小，滤网的空隙越小，杂质就越少，照片也就越干净，如图1-3-23所示。

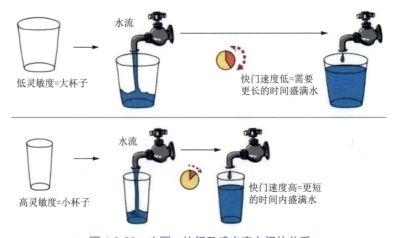

图1-3-23　光圈、快门及感光度之间的关系

任务评价

任务三　VR全景摄影参数设置——评价表

姓名：		学号：		班级：		小组名称：	

序　号	评估内容	分　值	评分说明	自我评定
1	任务完成情况	40分	按时按要求完成拍摄设备的组装任务	
2	对相机参数设置的掌握程度	20分	吸收消化技能点，并运用在实践中	
3	对Photomatix Pro软件的掌握程度	20分	软件操作步骤无误	
4	团队精神和合作意识	10分	小组成员相机参数设置情况	
5	上课纪律	10分	遵守课堂纪律	

任务总结与反思：

小组其他成评价得分：

组长评价得分：

教师评价：

任务四　VR全景图全流程拍摄

任务单

班级：_____　　姓名：_____　　学号：_____　　日期：_____

小组成员：_____

任务单说明：请同学们在完成"任务实践"环节中的实操部分后，填写以下任务单。

序号	VR全景图全流程拍摄	任务说明	示例	完成情况	
				已完成	未完成
1	VR全景摄影设备的组装	对VR全景图拍摄设备（三脚架、全景云台、相机）进行正确组装，如图1-4-1所示	 图1-4-1　VR全景摄影设备的组装示例图		
2	VR全景图拍摄	在拍摄VR全景图的过程中，保证相邻的两张图重叠率至少25%，并且需要避免拍摄画面出现过曝或者欠曝的情况，如图1-4-2所示	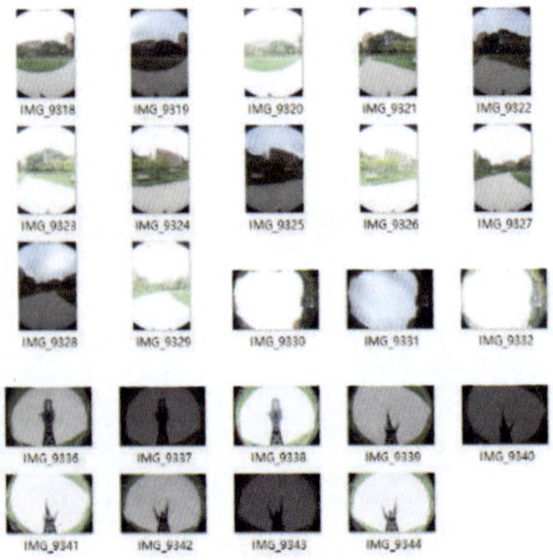 图1-4-2　VR全景图拍摄例图		

模块一　VR 全景图前期拍摄

序　号	VR全景图全流程拍摄	任务说明	示　例	完成情况	
				已完成	未完成
3	Photomatix Pro软件的使用	对所拍摄的VR全景图素材进行曝光合成，如图1-4-3所示	IMG_9318_19_20　IMG_9321_2_3　IMG_9324_5_6 IMG_9327_8_9　IMG_9330_1_2　IMG_9336_7_8 IMG_9339_40_41　IMG_9342_3_4 图 1-4-3　Photomatix Pro 软件的使用示例图		
备　注	小组中的每位同学，需在组装之前了解任务说明，每完成一项要在相应完成情况处打上√。任务结束后，任课老师进行小组检查				
任务思考	问题①：请简述VR全景摄影的四个基本原则。如果不遵守这四个基本原则，那会在拍摄的过程中发生什么情况？ 　 　 问题②：请思考除了上述五种不利于拍摄的情况外，还有什么样的因素会影响VR全景图拍摄呢？请至少说出两个因素。 　 　 问题③：请使用自己的语言，简述前期VR全景图素材拍摄的全流程。 　 				

学习目标

知识目标

◎ 了解VR全景拍摄的四项基本原则。

◎ 熟悉不利于VR全景图拍摄的情况。

1-43

能力目标

◎熟练使用VR全景摄影设备拍摄全景图素材。

◎熟练使用Photomatix Pro软件对拍摄的素材进行曝光合成。

◎能选择合适的场景进行全景图素材的拍摄。

素养目标

◎养成严谨细致的拍摄习惯，注重前期VR全景图素材拍摄的流程细节。

任务描述

本任务我们将对前面三个任务的知识技能点进行巩固复习，进行一场VR全景图素材的全流程拍摄实践。

知识准备

一、VR全景摄影的四项基本原则

（一）机位固定

在拍摄整组照片时，不论拍摄多少张素材，都是围绕一个中心进行的。

镜头上下左右旋转都要以镜头节点为中心，这样可以保证在任何场景下拍摄出的VR全景图都能够拼接成功，如图1-4-4所示。

（二）锁定相机设置

（1）白平衡：除自动白平衡以外的任意档位；

（2）感光度：除自动感光度以外的任意档位；

（3）对焦模式：选择好焦点后将镜头对焦模式设为手动对焦"MF"模式；

图1-4-4　相机节点位置

（4）光圈：使用手动模式"M"设置光圈值，根据现场情况选择光圈值；

（5）快门速度：使用手动模式"M"设置快门速度，根据现场情况选择快门速度；

（6）镜头焦距：拍摄整组照片时，镜头焦距保持不变。

> **贴士**：设置好以上参数，整组照片建议使用同一组参数进行拍摄。

（三）相邻照片重叠率达标

拍摄VR全景图时，相邻（包括上下左右）照片之间的重叠率不能小于25%，这是一个原则，但也不要盲目地加大重叠率。拍摄照片还有一个原则，就是应该在尽可能短的时间内完成整组照片拍摄，在保证相邻照片之间的重叠率不小于25%的前提下，根据拍摄场景的实际情况，尽可能减少拍摄张数，以提高整组照片的拍摄速度，如图1-4-5所示。

（四）拍摄张数宁多勿少

在拍摄之前，要对将要拍摄的区域需要拍摄的照片张数做到心中有数，拍摄时要按顺序依次拍摄,中间不要漏拍。在转动全景云台之前记录第1张画面拍摄的角度,在转动相应的角度时如果有所遗忘,建议可以多拍摄1张,拍摄张数宁多勿少。张数多了可以在后期整理时删除,但是张数少了,可能会导致画面有所缺失,这样就会无法弥补,只能重新拍摄了。

图 1-4-5　至少 25% 重叠率

二、不利于拍摄的情况

在进行VR全景拍摄的时候,如果遇到快速移动的大型物体,或者遇到场景变换很快的情况,就需要特别注意了,例如以下几种情况:

(1)发布会、聚会等活动场所,走动人员比较多;
(2)公路上川流不息的车辆;
(3)灯光变换迅速的晚会;
(4)日出、日落时或天气变换快速的时段;
(5)在移动物体上拍摄外景,例如船上或车上拍摄。

任务实践

(1)任务工具:佳能60D相机、8～15 mm鱼眼镜头、三脚架、全景云台、备用三脚架、水瓶(或者其他标志物)、Photomatix Pro软件。

(2)任务前准备:提前准备好本次任务所需相关器材和软件。

一、任务实施

(一)VR全景图的全流程拍摄

本次任务将通过对VR全景图的全流程拍摄让大家巩固练习前三个任务中的重点知识与技能。本次拍摄场景选为室外的后花园,其中设备组装的过程与任务一一致,操作步骤如下:

步骤1：
将脚架上的三节脚管锁顺时针转动,将三脚架调整成合适的高度,如图1-4-6所示。

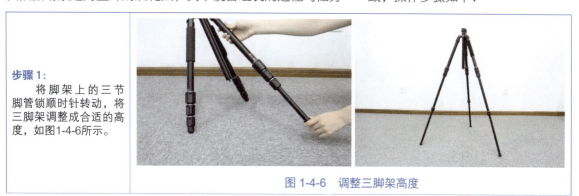

图 1-4-6　调整三脚架高度

步骤2：

将全景云台安装至三脚架上。注意，一些连接零件的旋转钮需要拧紧，如图1-4-7所示。

图1-4-7　安装全景云台

步骤3：

安装完全景云台后，需要观察"分度云台"上的"水平仪"，观察三脚架是否处于水平位置，如图1-4-8所示。

图1-4-8　观察水平仪

步骤4：

将安装好快装板的相机组装在全景云台上，接着需要将快装板固定按钮拧紧，避免相机掉落，如图1-4-9所示。

图1-4-9　将相机组装到全景云台上

步骤5：

拍摄设备都安装完成后，使用远近物对比法进行镜头节点校准，如图1-4-10所示。

图1-4-10　镜头节点调整

步骤 6：

节点调整后，根据现场的环境进行相机参数设置。我们需要对 ISO、光圈、感光度、白平衡等参数进行调整，如无法避免画面过曝的问题，可以使用自动包围曝光功能，将曝光补偿量设置为"2"，如图1-4-11所示。

图 1-4-11　使用自动包围曝光功能

步骤 7：

接着，由于本次拍摄使用的是8 mm鱼眼镜头，所以我们需要先每转90°拍三张照片（正常曝光+欠曝+过曝），360°总计拍摄12张照片，如图1-4-12所示。

图 1-4-12　每转 90°拍三张照片

步骤8：

最后进行补天和补地的操作，补天只需要朝天拍三张照片即可（正常曝光+过曝+欠曝），如图1-4-13所示。

图 1-4-13　朝天拍摄

步骤9：

使用外翻补地法进行补地拍摄，首先将相机垂直朝下拍摄三张带三脚架但是节点准确的不同曝光的照片，如图1-4-14所示。

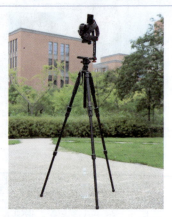

图 1-4-14　将相机垂直朝下拍摄

步骤10：

接着，在三脚架正对着的地面中心位置放置一个水平或其他标志物。然后，需要将相机旋转外翻。扭松竖板固定旋钮并将全景云台上半部分转至"180°"，这时需要通过平移三脚架，让相机回到拍摄VR全景图时围绕的中心点。移动三脚架期间，同步观察相机显示屏里的网格中心点，我们需要通过平移三脚架将中心点与一开始放置地面上的标志物重叠，进行完以上的操作后，按下快门键即可完成三张外翻补地全景图素材的拍摄。接着将分度云台旋转180°，使用以上步骤同样的方法对另一边地面进行补地拍摄，最终，另外三张外翻补地全景图素材拍摄完成，如图1-4-15所示。

图 1-4-15　外翻补地

步骤 11：

完成以上拍摄，总计拍摄24张图。接着使用Photomatix Pro软件对这24张RAW格式的照片进行曝光合成，最后合成出8张曝光准确的照片，如图1-4-16所示。

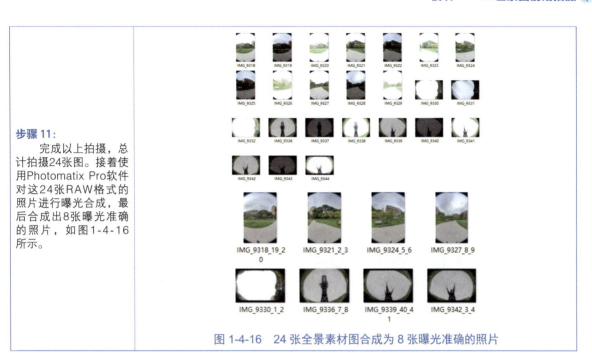

图 1-4-16　24 张全景素材图合成为 8 张曝光准确的照片

（二）课中练习——VR 全景图全流程拍摄

接下来，请同学们尝试一下能否独立拍摄出标准的VR全景图素材。

① 拍摄时间：30 min。

② 最终效果：如图1-4-17所示。

图 1-4-17　最终效果图

任务总结

阿煜老师："小骄，你来总结一下这次的学习内容吧。"

小骄："本次学习，让我初次体验到VR全景摄影的全流程。当我看到最终拍摄成果时，这让我很有成就感。我相信通过后面对VR全景图后期拼接的学习，我能对VR全景摄影这门技术有更深入的了解。"

阿煜老师："这段时间，我看到了你的成长和进步。从最初面对各类器材一头雾水，再到如今游刃有余的模样，我都看在眼里，希望你继续加油！"

本任务为VR全景图的拍摄实践。摄影本身是需要通过大量的实践来锻炼提高操作者能力的技术，更别说是VR全景摄影。所以让学生总结回顾之前的拍摄知识技能点,让他们独立进行一次VR全景图拍摄,使学生真正在做中学,在学中做,从而达到知行合一。

课后练习

1. 在拍摄整组照片时,不论拍摄多少张素材,都是围绕_____进行拍摄,这样可以保证在任何场景下拍摄出的VR全景图都能够拼接成功。
2. 我们需要锁定相机的哪些设置?
3. 不利于拍摄VR全景图素材的情况有哪些?

任务评价

任务四　VR全景图全流程拍摄——评价表

姓名:　　　　　　学号:　　　　　　班级:　　　　　　小组名称:

序 号	评估内容	分 值	评分说明	自我评定
1	任务完成情况	40分	按时按要求完成拍摄设备的组装任务	
2	对VR全景图素材拍摄流程的掌握程度	20分	吸收消化技能点,并运用在实践中	
3	个人VR全景图素材拍摄情况	20分	拍摄步骤无误	
4	团队精神和合作意识	10分	小组成员VR全景图素材拍摄情况	
5	上课纪律	10分	遵守课堂纪律	

任务总结与反思:

小组其他成员评价得分:
_____、_____、_____、_____

组长评价得分:_____

教师评价:

实战练习　VR全景图前期拍摄

方案说明

选择合适的拍摄场景，策划前期VR全景图素材拍摄方案。

前期准备

1. 阅读方案说明书确认工作任务。
2. 结合工作任务一至工作任务四相关知识技能点，完成以下方案内容的填写。

方案策划

方案名称：		
方案主题：		
拍摄人员：_____　　拍摄地点：_____　　拍摄日期：_____		
VR全景图拍摄设备		
序　号	设备名称	设备型号	备　注

VR全景图拍摄流程		
序　号	拍摄步骤	注意要点
1		
2		
3		

VR全景图拍摄流程

序　号	拍摄步骤	注意要点
4		
5		
6		

VR全景图拍摄流程		
序　号	拍摄步骤	注意要点
7		
8		

拍摄总结：

模块二 02
VR 全景图后期拼接

情景导入

小骄经过一段时间的学习，基本掌握了VR全景图前期拍摄的方法，现在她想要将拍摄的图像拼接成全景图。

小骄："阿煜老师，您能给我讲解一下如何将图像素材制作成一张完整的全景图吗？"

阿煜老师："好呀，后期的拼接和软件操作是VR全景摄影的一个难点，接下来我会给你讲解如何使用正确的软件，拼出高质量的VR全景图。当你成功拼接出第一张VR全景图的时候，你一定会爱上这项技术的。"

小骄："好的，我一定会努力的。"

任务分解

| 任务一 | PTGui软件拼接功能使用 | 任务二 | PTGui软件控制点功能使用 |
| 任务三 | Lightroom软件的使用 | 任务四 | VR全景图拼接与美化 |

任务一　PTGui 软件拼接功能使用

任务单

班级：_____　姓名：_____　学号：_____　日期：_____

小组成员：_____

任务单说明：请同学们在完成"任务实践"环节中的实操部分后，填写以下任务单。

任务一　PTGui 软件拼接功能使用					
序　号	VR全景图制作	任务说明	示　例	完成情况	
^	^	^	^	已完成	未完成
1	酒店全景图基础拼接	根据操作步骤对44张休息室素材图进行拼接，最终制作一张完整的全景图，如图2-1-1所示	 图 2-1-1　酒店全景图基础拼接示例图		
2	滴水湖风景区全景图基础拼接	通过对PTGui软件的学习和练习，自主将9张滴水湖风景区素材图进行拼接，最终制作成一张完整全景图，如图2-1-2所示	 图 2-1-2　滴水湖风景区全景图基础拼接示例图		
3	滴水湖风景区全景图细节处理	思考滴水湖风景区全景图中需要调整及修改的地方，并根据操作步骤，使用PTGui软件的遮罩功能及PhotoShop套索功能对滴水湖风景区全景图进行细节调整，如图2-1-3所示	 图 2-1-3　滴水湖风景区全景图细节处理示例图		

模块二　VR全景图后期拼接

备注	小组中的每位同学，需在制作之前了解任务说明，每完成一项要在相应完成情况处打上√。任务结束后，小组组长需将图像分类保存好，并将图像与此任务单一起交给任课老师
任务思考	问题①：PTGui软件一般有什么功能？请举例说明。 问题②：PTGui软件的拼接流程分为哪几部分？ 问题③：PTGui中蒙版功能里的三种颜色画笔的作用分别是什么？

学习目标

知识目标
◎ 了解PTGui的拼接流程。
◎ 熟悉使用PTGui软件中的蒙版功能对全景图素材进行去除三脚架处理的方法。
◎ 熟悉使用Photoshop对全景图进行细节调整的方法。

能力目标
◎ 熟练使用PTGui软件将素材图片成功拼接成VR全景图。
◎ 正确地使用PhotoShop软件对全景图进行补地处理。

素养目标
◎ 敏锐关注全景图素材的细节，养成严谨细致的工作习惯。

任务描述

在软件技术日新月异的时代，每天都有新技术涌向市场。作为软件的使用者，这些新技术时常会困扰我们。到底采用怎样的制作流程才能更快、更好地完成全景图的拼接？接下来将为大家答疑解惑，讲解如何使用PTGui软件对拍摄的素材图进行后期拼接处理。

知识准备

一、PTGui 软件

PTGui是目前国内VR全景摄影师最常使用的图像拼接软件之一，软件图标如图2-1-4所示。

PTGui软件中最重要的功能就是对相应的图片进行拼接处理，在图片拼接

图 2-1-4　PTGui 软件

的过程中，它会智能化地对图片进行对齐、校准，并且会对相邻两张图片的接缝进行融合，使其更加自然。

二、PTGui 界面基本介绍

（一）菜单栏

单击菜单栏中的每一个选项卡都会弹出一个下拉菜单，展示出对应选项卡的功能列表，我们可以通过这些功能对软件进行设置，对图片进行处理，如图2-1-5所示。

- 文件：主要用于打开项目、新建项目、导出项目、保存图像等功能。
- 编辑：主要用于还原上一步操作。
- 查看：可以查看或缩小图像，相当于查看器。
- 影像：可以去除单张照片或者添加单张照片。
- 遮罩：主要用于去除全景图中不需要的物体，例如三脚架。
- 控制点：主要用于设置控制点，通过相同的控制点使图片之间衔接更精准，继而减少图片衔接中的错位。
- 工具：主要用于用户界面、语言等基础设置。
- 项目：主要对当前项目进行一些快捷操作。
- 帮助：附有PTGui软件的官方教学。

（二）工程助理区

工程助理区域主要分三大块，分别为"加载影像""设置全景""创建全景"三大部分，如图2-1-6所示。

- 加载影像：用于导入图像源。
- 设置全景：用于设置相机的各类参数，如镜头焦距、镜头类别、相机校正参数等。
- 创建全景：用于设置全景图的输出参数，如图像的宽高、图像文件格式、输出文件地址等。

图 2-1-5　菜单栏

图 2-1-6　工程助理区

🎦 任务实践

（1）任务工具：PTGui软件、全景图本地播放器、Photoshop、图像素材"休息室"。

（2）任务前准备：安装PTGui软件、全景图本地播放器和Photoshop并准备好图像素材。

模块二　VR 全景图后期拼接

一、任务实施

（一）PTGui 基础功能——酒店素材拼接

接下来我们将使用PTGui Pro12软件对"休息室"进行拼接，具体步骤如下：

步骤1：

打开PTGui Pro软件后，在工程助理处单击"加载影像"，将"休息室素材"文件夹中的全部图片加载到软件中，选择所有的素材后，单击"打开"按钮，如图2-1-7所示。

技能拓展： 单击最左侧的"进阶"图标，可以看到所有的功能选项卡，而单击"简易"图标，则会将这些选项卡隐藏，如图2-1-8所示。

有两种方法可以将拍摄的图片素材导入PTGui软件中，除了上述方式，还有一种则是单击全选想要导入的图片素材，之后拖放至工程助理界面即可，如图2-1-9所示。

图 2-1-7　加载所有图像

图 2-1-8　"简易"版与"进阶"版

图 2-1-9　选中图片素材拖放至 PTGui 窗口

步骤 2：

　　由于素材为手机拍摄照片，软件无法自动生成 EXIF 数据，所以需要在弹出的相机传感器尺寸选项框中，单击"选择缺省"，如图 2-1-10、图 2-1-11、图 2-1-12 所示。

　　技能拓展： 在无法自动生成 EXIF 数据的情况下，单击"选择缺省"，软件给操作者提供了 8 种常用可选的"预设"，选择任意一种"预设"，都可生成对应的 EXIF 数据。如果能自动生成 EXIF 数据，则不需要进行设置相机传感器尺寸这一步骤。

图 2-1-10　软件无法自动生成 EXIF 数据

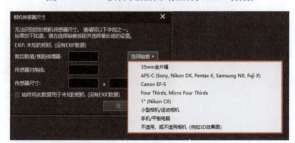

图 2-1-11　八种可选"预设"

图 2-1-12　自动生成的 EXIF 数据

步骤 3：

　　单击"缺省"后，在下拉列表中有 8 个可选选项，选择"手机/平板电脑"。左边可自动生成对应的数据，如图 2-1-13、图 2-1-14 所示。

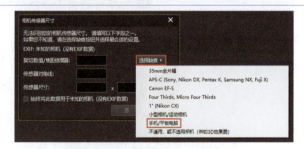

图 2-1-13　选择"手机 / 平板电脑"

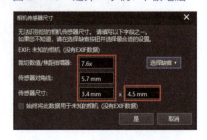

图 2-1-14　自动生成对应数据

步骤 4：

单击"是"按钮进入镜头&焦距选项，输入照片的焦距值 4 mm。镜头类别选择"普通镜头"，最后单击"是"按钮，来源影像即可加载完成，如图 2-1-15、图 2-1-16 所示。

图 2-1-15　输入照片"焦距"值及选择"普通镜头"

图 2-1-16　来源影像加载完成

步骤 5：

单击"对齐影像"按钮，弹出"请稍候"进度条，如图 2-1-17、图 2-1-18 所示。

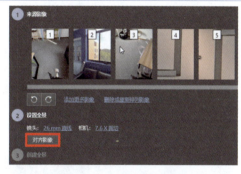

图 2-1-17　单击对齐影像

图 2-1-18　进度条

步骤 6：

软件加载完成后，界面会弹出一个"全景编辑"窗口，拖动画面，检查一下画面是否有问题，如果得到如图 2-1-19 所示的图像即无问题。

技能拓展：在全景编辑器顶部有许多功能按钮，将鼠标指针移到按钮处，能看到官方自带的详细功能说明，如图 2-1-20 所示。

图 2-1-19　全景编辑器窗口

图 2-1-20　PTGui 功能说明

步骤 7：
有的学生的全景编辑器中的图像带有数字，这时只需要单击菜单栏中的"3"按钮即可关掉数字，如图2-1-21、图2-1-22、图2-1-23所示。

图 2-1-21　带有数字的全景编辑器

图 2-1-22　单击菜单栏中的"3"

图 2-1-23　数字关掉后的全景编辑器

步骤 8：
如果图像没有拼接不上等问题，可以关掉全景编辑，回到初始"工程助理"选项卡页面，可以看到"创建全景"按钮，如图2-1-24所示。

图 2-1-24　"创建全景"按钮

步骤 9：
右击"创建全景"按钮，弹出"创建全景"窗口，如图2-1-25所示。

知识拓展： 创建全景界面的作用主要在于设置所导出的VR全景图的各类参数，如宽度、图片格式等。

图 2-1-25　"创建全景"窗口

步骤 10：
对创建参数进行设置，将图片改成宽10 000像素，高设为5 000像素，文件格式设置为JPEG（.JPG）格式，如图2-1-26、图2-1-27所示。

知识拓展： 由于标准VR全景图的大小比例是2∶1，因此这里的参数设置为宽10 000，高5 000。

图 2-1-26　设置宽高参数及文件格式

图 2-1-27　导出 Photoshop 格式

步骤 11：

接着单击输出文件右侧的"浏览"按钮即可选择文件的输出地址，并为输出的全景图命名，单击"保存"按钮即可完成全景图的导出，如图2-1-28所示。

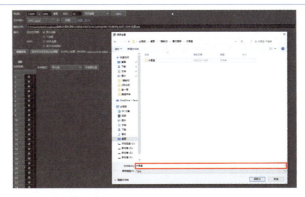

图 2-1-28　输出全景图

步骤 12：

单击"创建全景"按钮，即可出现"生成全景"进度条，如图2-1-29、图2-1-30所示。

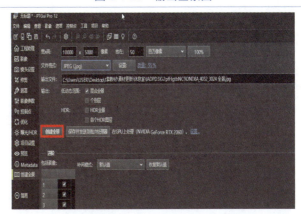

图 2-1-29　单击"创建全景"按钮

图 2-1-30　"生成全景"进度条

步骤 13：

随着进度条加载完成，VR全景图也合成输出完毕，找到VR全景图输出位置即可，如图2-1-31所示。

图 2-1-31　全景图输出位置

步骤14：

最后将导出的全景图拖进全景图本地播放器，拖动鼠标即可360°查看VR全景图，如图2-1-32、图2-1-33所示。

技能拓展： 除了使用全景图本地播放器查看输出的全景图，也可以使用PTGui软件自带的播放器进行查看，右击图片，在弹出的快捷菜单中选择"打开方式"选项中的"PTGui Viewer"，即可查看全景图。

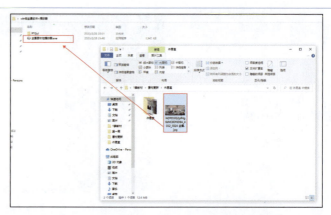

图 2-1-32　将图片拖动至全景图本地播放器

图 2-1-33　拖动鼠标查看 VR 全景图

（二）课中练习——滴水湖风景区素材拼接

通过对以上图像素材的简单拼接，我们初步学习了PTGui软件的基础拼接。接下来，请同学们尝试一下是否能将第二份图片素材成功拼接成一幅完整的VR全景图。

（1）素材名称：滴水湖风景区素材。

（2）拼接时间：10 min。

（3）最终效果：如图2-1-34所示。

图 2-1-34　效果图

模块二　VR 全景图后期拼接

引导问题1：制作滴水湖风景区全景图的步骤与酒店全景图步骤有什么不同，为什么会有这样的差别？

引导问题2：观察滴水湖风景区全景图，这张图还有哪些地方是需要优化的？

（三）PTGui 基础功能——遮罩

之前已经对酒店素材进行了一个基础拼接，现在要开始处理全景图中的一些细节问题，比如将图像中出镜的全景云台及人物进行去除处理，这样就能将一张VR全景图变成一幅高质量的作品，具体步骤如下：

步骤1：
　　将导出的滴水湖风景区全景图拖进全景图本地播放器中，可以看到图中的地面位置有一个全景云台，如图2-1-35所示。

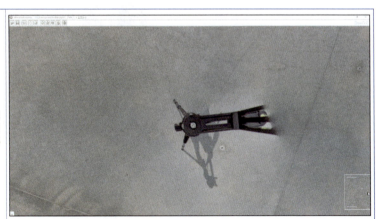

图 2-1-35　查看滴水湖风景区全景图

2-11

步骤 2：
　　单击左侧遮罩功能，便可成功切换至遮罩界面，如图2-1-36所示。

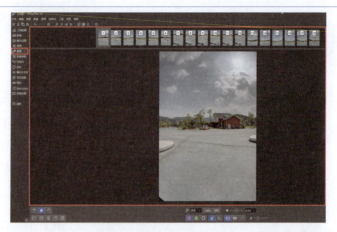

图 2-1-36　单击遮罩功能

步骤 3：
　　将"编号1"图像切换至"编号7"图像，单击带有"编号7"的第七张图即可，如图2-1-37所示。

图 2-1-37　切换至"编号 7"图像

步骤 4：
　　单击下方红色画笔，并沿着全景云台的边缘画一个轮廓，如图2-1-38所示。

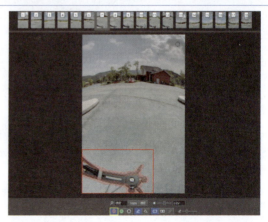

图 2-1-38　沿着全景云台进行描边

步骤 5:

接着按住【Ctrl】键+鼠标左键，能看到圆形画笔变成了十字画笔，然后单击全景云台的空白处，即可将全景云台部分全部填充，如图2-1-39、图2-1-40、图2-1-41所示。

技能拓展： 右击全景云台空白处，并单击"填满"也可将全景云台空白处全部填充。

如使用红色画笔涂抹图像时涂多了，可以使用白色画笔进行擦除。而绿色画笔的作用在于保留涂抹绿色处的部分。

图 2-1-39　将全景云台全部填满

图 2-1-40　填满操作　　图 2-1-41　白色画笔可对涂抹的多余部分进行擦除

步骤 6:

接着，将"编号7"图像切换至"编号8"～"编号12"图像，同样进行全景云台的涂抹处理，如图2-1-42所示。

图 2-1-42　对五张图像进行涂抹处理

步骤 7:

进行完以上涂抹操作后，单击左侧功能栏中的优化，进入优化界面后，单击"进阶"按钮，简易版优化界面便切换成进阶版优化界面，如图2-1-43所示。

图 2-1-43　进入进阶版优化界面

步骤 8：
单击左下角的"运行优化程序"按钮，可弹出全景图优化结果选项框，其中显示优化结果是"佳"的，即可单击"是"按钮，如图2-1-44所示。

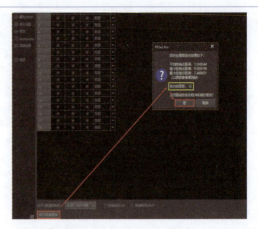

图 2-1-44　优化全景图

步骤 9：
优化完成后，单击左侧功能栏中的"预览"选项，接着，更改将宽改为10 000像素，高改为5 000像素，完成后单击旁边"预览"中的"在PTGui查看器中打开"选项，如图2-1-45所示。

图 2-1-45　设置全景图宽高数值

步骤 10：
单击"在PTGui查看器中打开"选项后，即可全方位查看滴水湖风景区全景图的情况，全景云台经过遮罩的处理，已经被去除掉了，但是那部分还残留黑色空洞，如图2-1-46所示。

图 2-1-46　残留的黑色空洞

步骤 11：
为了处理这个黑洞，需要先将这张滴水湖风景区全景图导出。首先单击左侧功能栏中的"创建全景"按钮，然后设置宽高为10 000像素，5 000像素，文件格式为JPEG（.jpg）格式，并设置好全景图输出位置，最后单击"创建全景"按钮，就可以输出滴水湖风景区全景图了，如图2-1-47所示。

图 2-1-47　输出滴水湖风景区全景图

步骤 12：
将导出的全景图拖进Photoshop软件中，如图2-1-48所示。

知识拓展： 使用Photoshop软件对全景图进行细节上的调整与处理，例如错位的调整、航拍补天和地拍补地的细节调整、蒙版调色、瑕疵处理等。

图 2-1-48　将图像拖进 Photoshop 软件中

步骤 13：
　　复制一个背景图层，可单击图层后，按【Ctrl+J】组合键复制，也可以单击图层，按住鼠标左键不放，将图层拖动至右下角倒数第二个图标进行复制，如图2-1-49所示。

图 2-1-49　复制图层

步骤 14：
　　选择刚才复制的图层，单击菜单栏中"3D"选项中"球面全景"中的"通过选中的图层新建全景图图层"选项，然后可以看到，一开始的图像在Photoshop软件中以全景图的形式所呈现，这样就可以全方位查看VR全景图了，如图2-1-50、图2-1-51所示。

图 2-1-50　生成球面全景

图 2-1-51　全方位查看 VR 全景图

步骤 15：
　　用鼠标向下拖到黑洞位置，接着选择左侧工具栏中的"套索"工具，鼠标单击不放，沿着黑洞边画一个轮廓，注意在使用套索工具时，画的结束点需要与起始点相触碰，这样才能成功将黑洞完整围绕，如图2-1-52所示。

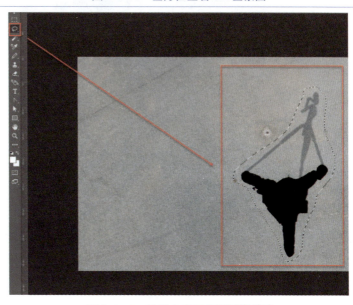

图 2-1-52　使用套索工具画黑洞轮廓

步骤 16：

轮廓画完之后，将鼠标指针放在黑洞中心，右击后在快捷菜单中选择"填充"命令，在弹出地填充选项框中，选择内容识别，勾选颜色适应，模式选择正常，不透明度为100，最后单击"确定"按钮即可，如图2-1-53所示。

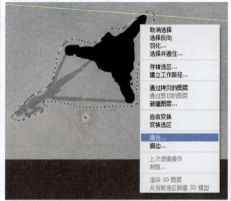

图 2-1-53　填充黑洞

步骤 17：

完成以上操作后，可以看到黑洞已经被填充完成，此时需要按【Ctrl+D】组合键取消轮廓虚线，如果快捷键不起作用，可以检查一下是不是英文输入法，如图2-1-54、图2-1-55所示。

图 2-1-54　轮廓虚线

图 2-1-55　填充黑洞后的效果图

步骤 18：

双击右下角图层中的"SphericalMap"选项，全景图随即转换为正常的平面模式，可以看到原先全景图底部的黑洞部分已经被抹去，如图2-1-56所示。

图 2-1-56　将全景模式转换为平面模式

模块二　VR全景图后期拼接

步骤19：
　　然后，将全景图导出即可。同步按【Ctrl+Shift+S】组合键弹出导出选项框，选择存储位置，给文件命名，并将文件保存类型选为JPEG格式，最后单击"保存"按钮即可。之后会弹出JPEG选项框，只需要单击"确定"按钮，如图2-1-57所示。

图2-1-57　保存文件

步骤20：
　　最后将导出的滴水湖风景区全景图拖进全景图本地播放器，拖动鼠标即可360°查看调整完成的全景图了，如图2-1-58所示。

图2-1-58　全方位观看滴水湖风景区全景图

任务总结

阿煜老师："小骄，你来总结一下这次的学习内容吧。"

小骄："本次学习让我了解了PTGui软件的基础拼接方法，以及如何使用PS对全景图进行细节的调整，我相信通过这次学习，能为之后进行的VR全景图拼接实战打下良好的基础。"

阿煜老师："初次使用PTGui这款软件，可能会有点生疏，不过我相信你在后面的学习中会越发游刃有余的，加油小骄！"

　　本任务我们通过对图像素材进行拼接处理，让学生初步了解PTGui软件的基础操作功能，同时在课堂中布置课堂练习，让学生运用课上所学的知识及技能点，对提供的图像素材进行自主拼接，巩固强化技能点。之后，通过对PTGui进阶功能的讲解，让学生在自主拼接的图像基础上进行细节处理，最终制作出一张高质量的全景图。这不仅使学生掌握了拼接技巧，也提高了他们对制作全景图的兴趣。

课后练习

1. PTGui软件中最重要的功能就是对相应的图片进行_____处理，在图片拼接的过程中，它会智能化地对图片进行_____、_____，并且会对_____两张图片的接缝进行融合，使其更加自然。

2. 我们需要使用PTGui软件里的哪个功能对全景图素材中的三脚架进行去除处理？

3. 我们需要使用Photoshop软件里的哪个功能对全景图素材中的空缺部分进行填充处理？

2-17

知识拓展

接片技术的发展

现今人们可以使用软件对所拍摄全景图像素材进行高效拼接,同时,图像编辑软件让数字影像的重塑编辑变得十分容易。而早期的全景接片需要在暗房中对胶片进行手工操作,时间成本和经济成本都很高。那时候人们全景照片的后期拼接方法,是先将拍摄得到的底片进行冲洗,再通过相似比对进行后期加工,对照片进行重合拼接,然后在剪辑台上观看效果,满意后将其黏合,最后洗印照片。

任务评价

任务一 PTGui 软件拼接功能使用——评价表

姓名:		学号:		班级:		小组名称:	

序号	评估内容	分值	评分说明	自我评定
1	任务完成情况	40分	按时按要求完成全景图制作任务	
2	对PTGui掌握程度	20分	吸收消化技能点,并运用在实践中	
3	个人全景图制作情况	20分	全景图制作步骤无误	
4	团队精神和合作意识	10分	小组成员全景图完成情况	
5	上课纪律	10分	遵守课堂纪律	

任务总结与反思:

小组其他成员评价得分:
_____、_____、_____、_____

组长评价得分:_____

教师评价:

模块二　VR 全景图后期拼接

任务二　PTGui 软件控制点功能使用

任务单

班级：_____　姓名：_____　学号：_____　日期：_____

小组成员：_____

任务单说明：请同学们在完成"任务实践"环节中的实操部分后，填写以下任务单。

序号	控制点功能使用	任务说明	示例	完成情况	
				已完成	未完成
1	"林荫小路"全景图制作	根据操作步骤，使用PTGui软件对"林荫小路素材"进行全景图制作。注意，在制作的过程中，需对图像拼接错位的地方进行修复，如图2-2-1所示	 图 2-2-1 "林荫小路"全景图制作示例图		
2	"小镇湖畔"全景图制作	完成课中练习，自主对"小镇湖畔素材"进行全景图制作。注意，在制作的过程中，需对图像拼接错位的地方进行修复，如图2-2-2所示	 图 2-2-2 "小镇湖畔"全景图制作示例图		
备注	小组中的每位同学，需在制作之前了解任务说明，每完成一项要在相应完成情况处打上√。任务结束后，小组组长需将图像分类保存好，并将图像与此任务单一起交给任课老师					
任务思考	问题①：PTGui中的控制点功能的作用是什么？请详细说明。					

2-19

任务思考	问题②：为什么我们每对全景图做一次调整后（例如蒙版处理、控制点增加等操作），基本都需要使用PTGui中的观点优化功能？
	问题③：使用控制点功能对全景图进行调整的步骤是怎么样的？请详细说明。
	问题④：怎么样在PTGui中判断全景图的水平位置是否准确？

学习目标

知识目标

◎ 了解PTGui中控制点功能的作用。

◎ 熟悉PTGui中控制点功能的应用场景。

能力目标

◎ 熟练使用PTGui软件中的控制点功能对全景图进行细节调整。

素养目标

◎ 敏锐关注VR全景图制作过程的流程细节，养成严谨细致的工作习惯。

任务描述

通过前面的学习，我们已经对VR全景图的基础拼接和使用PTGui中的蒙版功能去除三脚架的方法都有所了解了。但想要制作出一张完美的全景图，还需要仔细观察照片是否有拼接错位等细节问题，接下来将为大家讲解如何使用PTGui软件中的控制点功能对图像进行细节调整。

知识准备

一、什么是控制点

控制点是PTGui中的核心功能之一，也是一张图片是否可以成功拼接的关键。控制点可以理解为控制两张相邻图片的位置关系的锚点，相邻的图片就是靠这些准确的锚点成功拼接的，如图2-2-3所示。

在拍摄VR全景图的时候，相邻图片的25%的重叠部分在这里就发挥作用了，PTGui就是依据相邻图片重叠的部分，通过自动或手动添加控制点来识别图片，从而进行拼接的。所以，控制点的准确度直接影响了拼接的效果。

图 2-2-3 控制点准确

当然，既然有自动拼接后控制点位置非常准确的图片，那也有拼接错位的情况发生，例如图2-2-4、图2-2-5所示的建筑，从远处观察虽然看不出有什么问题，但放大图像查看细节后会发现，由于建筑楼是常规的几何结构，这就导致控制点被放置在看起来相同的不同事物上，这时候就需要手动调整控制点进行调整了。

图 2-2-4 控制点不准确（1）

图 2-2-5 控制点不准确（2）

二、控制点应用场景

制作一张VR全景图需要用到控制点功能来调整图片位置的情况，一般有以下几种：

（1）初次对准未拼接成功。在初次对准图像的情况下，有的画面没有拼接成功。例如，补地的画面没有与整体对齐，包含一张或多张图像没有任何可识别添加的控制点的情况。

（2）出现错位。相邻图片拼接的位置出现错位或者重影。例如，补地的画面虽然可以与整体对齐，但是对齐的位置是偏的，这时需要手动添加准确的控制点。

（3）整体图像无法拼接。项目中部分图像没有任何可识别添加的控制点。例如，我们拍摄的画面为蓝天或纯白色墙壁。这种情况需要手动拖动图像到相应的位置，再通过手动添加控制点的方式进行对齐，如图2-2-6所示。

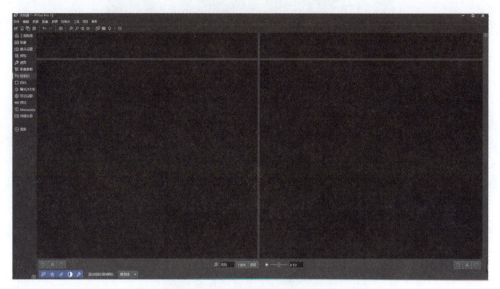

图 2-2-6　"控制点功能"界面

📷 任务实践

（1）任务工具：PTGui软件、全景图本地播放器、图像素材。

（2）任务前准备：PTGui软件、全景图本地播放器，并准备好图像素材。

一、任务实施

（一）PTGui 进阶功能——控制点使用

接下来，我们要使用PTGui中的控制点功能对"林荫小路素材"进行基础的拼接和细节进阶处理。在操作之前需要了解的是，由于PTGui软件的识别功能不是很稳定，所以在拼接的过程中会遇到不同的错位情况，但只要掌握了手动添加控制点的方法，就能很好地处理各种情况，具体步骤如下：

步骤1：
　　设置好控制点后，选中"林荫小路素材"文件夹中的全部图片，将其加载到PTGui窗口，如图2-2-7所示。

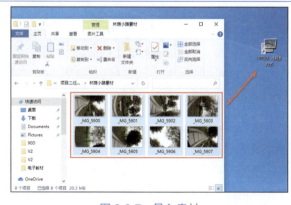

图 2-2-7　导入素材

步骤 2：

在正式操作之前，需要对控制点生成的数量进行控制，在"工具"窗口单击"选项"，如图2-2-8所示，选择"控制点生成器"，其可以设置每个图像中生成控制点的数量，默认是25个，我们可以设置为 100～150，如图2-2-9所示。这样可以有效地帮助每对图像生成更多的控制点来准确控制相邻图片的位置关系。增加控制点生成的数量对计算机的处理性能的要求也会变高。

图 2-2-8　单击"工具"中的"选项"

图 2-2-9　设置最多生成 150 个影像控制点

步骤 3：

通过步骤1，8张素材图已成功导入PTGui软件中，并且软件已自动识别照片的镜头参数，接下来只需要单击下方的"对齐影像"即可，如图2-2-10所示。

图 2-2-10　对齐影像

步骤 4：

软件有时会弹出一个提醒手动添加控制点的窗口，这代表着图像拼接有点误差。遇到这种情况，首先单击右下方的"是"按钮，弹出"控制点助手"提示框，其中提示图8还没有任何控制点。对图8进行调整，接下来关掉"控制点助手"提示框，如图2-2-11、图2-2-12所示。

图 2-2-11　控制点提示

图 2-2-12　"控制点助手"提示框

步骤 5：

后面在弹出的"全景编辑"界面，可以看到图像有明显拼接错误的情况，首先我们发现全景图上下位置颠倒，这时候需要将鼠标指针放在全景图中央，按住鼠标左键不放，由上往下将全景图拖至上下位置基本正常的程度，如图2-2-13、图2-2-14所示。

图 2-2-13　全景图上下位置颠倒

图 2-2-14　调整全景图上下位置

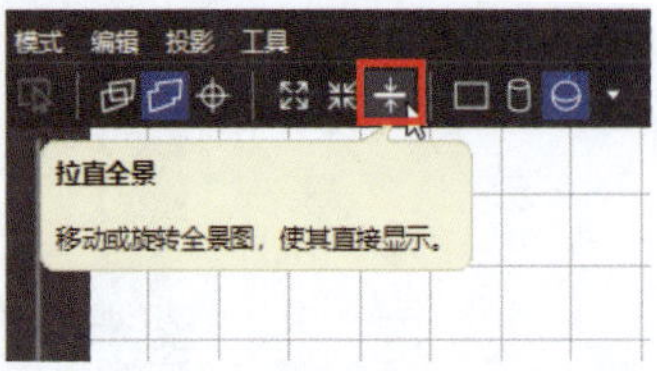

图 2-2-15　拉直全景图

步骤 6:
　　接着单击"拉直全景"按钮,全景图即可基本拉直,如图2-2-15、图2-2-16、图2-2-17所示。
　　技能拓展: 如何判断图像是否有拉直呢?将下方的小三角左右拉拽,可看到网格的大小也会变,将网格数量拉到适中,接着观察网格的垂直线是否与前方的树对齐,如对齐,则代表图片的位置是正常的。

图 2-2-16　全景图已基本拉直

图 2-2-17　确认网格垂直线是否有与线对齐

步骤 7:
　　由于前期没有进行补地拍摄,所以全景图下方是空缺的,但我们需要将残留的云台使用遮罩功能进行擦除,如图2-2-18所示。

图 2-2-18　使用遮罩功能进行擦除

步骤 8：

擦除完云台后，需要进行优化。单击"优化"按钮，并切换至"进阶"优化界面，然后将图2至图8"观点"中的"重置"全部选成"优化"，接着单击左下角的"运行优化程序"按钮，可弹出全景图优化结果选项框，其中选项框中显示优化结果为"佳"，即可单击"是"按钮，如图2-2-19所示。

知识拓展：观点优化功能可以在节点不是很精准、误差小的情况下对个别图像进行调整。如果所有的图像围绕的节点都不准确，视点优化功能也很难将错位消除。

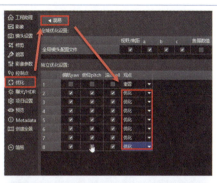

图 2-2-19　进行优化设置

图 2-2-20　"全景编辑"按钮

步骤 9：

进行完以上操作后，可以仔细观察图像是否有拼接错位的地方，单击"全景编辑"按钮，如图2-2-20所示，即可弹出"全景编辑"页面。

注意：虽然大家使用的都是同一套素材，但软件的识别功能并不是非常稳定，无法保证每个人拼接错位的地方都是一样的，如图2-2-21～图2-2-23所示。如果拼接错位的地方和教程内容有出处，可以尝试换个导入素材的方式重新加载图像，只要掌握好控制点的使用，就能很好地解决不同的错位情况。

图 2-2-21　拼接错位情况 1

图 2-2-22　拼接错位情况 2

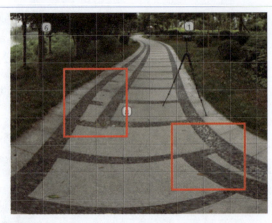

图 2-2-23 拼接错位情况 3

步骤 10：
接下来以拼接错位情况3为例讲解如何使用手动添加控制点来确定相邻图像的位置关系，使全景图错位的部分完成修复。首先单击"全景编辑器"上方的"编辑单个影像"按钮，然后观察全景图，发现错位的地方主要集中在"图8"中，如图2-2-24所示。

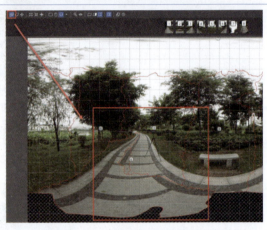

图 2-2-24 查找出现错位的主要图像

步骤 11：
然后返回PTGui工作界面，单击"控制点"按钮进入控制点界面后，将左框中的图像切换至"图8"，右框中的图像切换至"图1"，如图2-2-25、图2-2-26所示。

知识拓展：当鼠标指针处在"图8"中有细节和纹理的位置上时，鼠标指针会变为「+」状，在图像1中相应的细节纹理处会出现，并且上下滚动鼠标滚轮，图像会放大缩小，这样方便查看图像细节。

图 2-2-25 进入控制点界面

图 2-2-26 控制点放大缩小操作

步骤12：

在左框"图8"中找准1个角，单击进行控制点增加，接着在右框"图1"中找到与刚在"图8"中所打上控制点相同的位置后，再用鼠标左键打上对应的控制点，即可完成控制点的增加。按照以上步骤，在出现拼接错位的关键地方都针对性地打上控制点，如图2-2-27、图2-2-28所示。

技能拓展： 如碰到控制点打错地方的情况，右击错误控制点进行删除。

图 2-2-27　在多处位置打控制点

图 2-2-28　删除控制点

步骤13：

然后将右框中的"图1"切换至"图2"，按照刚才的步骤，继续手动增加控制点，这是为了告诉PTGui相邻图像的位置关系，如图2-2-29所示。

图 2-2-29　在"图8"和"图2"中继续增加控制点

步骤14：

打完控制点后，进入"进阶"优化界面进行优化设置，确定"图2"至"图8"的"观点"选项全为"优化"后，单击左下角的"运行优化程序"按钮，可弹出全景图优化结果选项框，其中选项框中显示优化结果为"佳"，即可单击"是"按钮，如图2-2-30所示。

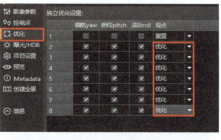

图 2-2-30　进入"进阶"优化界面

步骤15：

优化完成后，点开全景编辑器中查看全景图的错位情况，发现原先错位的地方，现如今已修复得基本看不出来有错位，如图2-2-31所示。

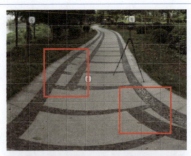
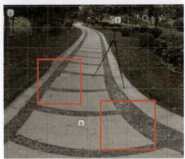

图 2-2-31　修复前后对比

步骤16：

接着观察全图，发现图像右侧出现了新的错位部分，这时候可以根据上述手动添加控制点的方式，来对图像进行优化和修复，如图2-2-32所示。

图 2-2-32　右侧新的错位部分

步骤17：

进入控制点界面对右侧出现错位部分的地方添加控制点，如图2-2-33所示。

图 2-2-33　对"图8"和"图2"添加控制点

步骤18：

添加完控制点后，再次进行优化，最终重新观察全景图，发现有错位的部分已全部修复完成，如图2-2-34所示。

注意：以上就是手动添加控制点的方法，如还有错位没有处理好，重复之前的步骤，手动添加控制点再校准优化图像，直至错位消除为止。如果多次尝试还不能消除，那就有可能是拍摄时的节点视差太严重了，导致无法修复。

图 2-2-34　对"图8"和"图1"添加控制点

最终效果图：最后将调整完成的全景图导出，拖进全景图本地播放器即可，如图2-2-35所示。

图 2-2-35　导出的全景图

（二）课中练习——小镇湖畔全景图制作

通过对以上素材的简单拼接与细节修复，我们进一步学习了PTGui软件的控制点操作。接下来，请同学们对"小镇湖畔素材"进行全景图制作，注意在制作的过程中需要将云台和出境的腿去除，并且尽量保证全景图无拼接错位的地方。

（1）素材名称：小镇湖畔素材。

（2）美化时间：30 min。

（3）最终参考效果，如图2-2-36所示。

图 2-2-36　效果图

引导问题：观察一下这张全景图，说一说除了去除云台以及修复拼接错位部分，我们还可以使用什么样的软件或者方法让这张图看起来更为精美？

任务总结

阿煜老师:"小骄,你来总结一下这次的学习内容吧。"

小骄:"本次学习让我主要了解了PTGui软件中手动增加控制点操作,通过使用这个方法,很大程度减少了全景图中的拼接错位部分,非常神奇。"

阿煜老师:"是的,控制点是PTGui软件的核心功能之一,虽然它的操作步骤非常烦琐,但是我相信你只要多加练习,掌握了手动增加控制点的方法,之后的全景图制作肯定不在话下。"

小骄:"好的,阿煜老师,我会继续加油的。"

本任务我们主要给学生重点讲解了PTGui中"手动增加控制点"的方法,因为对于初级VR全景摄影师来说,他们前期拍摄的VR全景素材有不小的概率会在后期制作中造成拼接错位的情况。本任务不仅能让学生对全景图中拼接错位的部分进行修复和优化,还能巩固练习上个任务的知识点,提升学生对技能点的掌握程度。

课后练习

1. 控制点可以理解为控制两张_____图片的_____关系的锚点,_____的图片就是靠这些准确的锚点成功拼接的。
2. PTGui软件中的控制点功能一般是应用于哪些场景?
3. 在使用PTGui软件制作VR全景图的过程中,如何判断图像是否有拉直呢?

知识拓展

VR全景视频技术

全景视频技术是一种很早就诞生的技术,但它在近年来才真正成熟。全景视频可以理解为在一定空间范围内记录一段时间动态的全景图片。由于很少将矩阵类型的视频称为全景视频(即两者不会产生混淆),这里的全景视频特指水平视角等于360°、垂直视角等于180°的视频内容,也可以称为VR全景视频。

我们知道传统视频是连续的图像,包含多幅图像及图像的运动信息。传统视频是人类肉眼的"视觉暂留"和"脑补"现象,即光信号消失后,"残像"还会在视网膜上保留一定时间,大脑通过"脑补"自行补足中间帧的画面,最终在它们的混合作用下,人们误以为每秒播放24帧的图像是连续的,这是传统视频的基本原理。全景视频也一样,通过相机连续记录空间内不同角度的视频,再将其拼合成一个完整的球形视频。

通过显示终端(如头盔、眼镜等)观看拍摄好的全景视频的沉浸感会更好,转动头部就可以看到视频中每个方向的图像。目前市场上很多企业为了降低创作者的创作门槛,研发出了方便的一体式VR全景相机,用户可以通过该相机实时进行记录与拼接,方便地拍摄全景视频,如图2-2-37所示。

图 2-2-37　观看 VR 全景视频

任务评价

任务二　PTGui 软件控制点功能使用——评价表				
姓名：		学号：	班级：	小组名称：
序　号	评估内容	分　值	评分说明	自我评定
1	任务完成情况	40分	按时按要求完成照片任务	
2	PTGui中"手动添加控制点"操作的掌握程度	20分	吸收消化技能点，并运用在实践中	
3	个人全景图制作情况	20分	全景图拼接错位部分的修复步骤无误	
4	团队精神和合作意识	10分	小组成员全景图完成情况	
5	上课纪律	10分	遵守课堂纪律	

任务总结与反思：

小组其他成员评价得分：
_____、_____、_____、_____、

组长评价得分：_____

教师评价：

任务三　Lightroom 软件的使用

任务单

班级：＿＿＿＿＿＿　　姓名：＿＿＿＿＿＿　　学号：＿＿＿＿＿＿　　日期：＿＿＿＿＿＿

小组成员：＿＿＿＿＿＿

任务单说明：请同学们在完成"任务实践"环节中的实操部分后，填写以下任务单。

任务三　Lightroom 软件的使用					
序号	图像美化	任务说明	示例	完成情况	
				已完成	未完成
1	"茶艺1"图美化	根据操作步骤，使用Lightroom软件对"茶艺1"原图进行调色美化，如图2-3-1所示	 图 2-3-1　"茶艺 1"图美化示例图		
2	"茶艺2"图美化	通过对Lightroom软件的学习，完成课中练习，自主对"茶艺2"原图进行美化，如图2-3-2所示	 图 2-3-2　"茶艺 2"图美化示例图		

序号	图像美化	任务说明	示例	完成情况	
				已完成	未完成
3	广场全景图美化	根据操作步骤，使用Lightroom软件对8张广场素材图进行美化，需要注意的是，这八张图的调色参数需相同，如图2-3-3所示	 图 2-3-3 广场全景图美化示例图		
备注		小组中的每位同学，需在制作之前了解任务说明，每完成一项要在相应完成情况处打上√。任务结束后，小组组长需将图像分类保存好，并将图像与此任务单一起交给任课老师			
任务思考		问题①：Lightroom软件主要有什么功能？请举例说明。 问题②：Lightroom软件的美化流程主要分为哪几部分？ 问题③：为什么在全景图制作中，调色美化是不可或缺的一步？ 问题④：在进行全景图美化的过程中，需要注意哪些地方？ 问题⑤：在使用Lightroom分别对单张平面图和多张全景图素材进行美化的过程中，操作有何不同？			

学习目标

知识目标

◎ 了解Lightroom在全景图制作过程中的作用。
◎ 熟悉Lightroom调色美化的步骤。
◎ 熟悉Lightroom各个调色功能的作用。

能力目标

◎ 熟练使用Lightroom软件对全景图素材进行调色美化。

素养目标

◎ 养成严谨细致的工作习惯,注重VR全景图美化的流程细节。
◎ 从多方面层次观察VR全景图素材的细节,从而形成审美意识。

任务描述

通过前面的学习,我们已经对VR全景图的拍摄原理、拍摄设备、拍摄过程和拼接处理都有所了解了。但制作一个优质VR全景作品是少不了对图片进行美化与润色这个环节的,接下来就对如何制作一个优质的VR全景作品进行进一步讲解。

知识准备

一、Lightroom 软件

Adobe Photoshop Lightroom(Lightroom Classic)是一款以后期美化为重点的图形工具软件,面向数码摄影、图形设计等专业人士,支持 RAW格式的图像,主要用于数码照片的浏览、编辑、整理、美化、打印等。

Lightroom特点在于可以用于筛选和处理大批量照片,例如外出时,我们在很多VR全景视点进行了拍摄,在一个视点拍摄了多张照片,这时候可以通过个性化的同步选项实现高效率的批量处理和预览,这样既可以保证照片的个性化,又可以保证照片的一致性,非常灵活方便,如图2-3-4所示。

图 2-3-4　Lightroom

二、Lightroom 界面基本介绍

首先,在进入正式的任务实施前,我们需要简单了解一下Lightroom这款拼接软件界面的基本功能。

Lightroom 的工作界面很简单,分为5个区域,如图2-3-5所示。上方是模块选取器,中心区是图像显示工作区,其左右两边分别是左侧模块界面和右侧模块界面,下方跨越整个工作区域的是胶片显示窗格。

(一)模块选取器

单击模块选取器右边的不同模块名称可以切换至不同的工作区。选中后的模块名称会在模块选取器中突出显示。右侧有"图库""修改照片""地图""画册""幻灯片放映""打印""Web"这七个可以切换的模块,如图2-3-6所示。我们主要介绍"图库"和"修改照片"这两个模块。

模块二　VR全景图后期拼接

图 2-3-5　Lightroom 工作界面

（1）图库：选择"图库"模块后，左侧模块界面有"导航器""目录""文件夹""收藏夹""发布服务"等，主要用来查找、导入想要处理的图像和导出处理后的图像，

图 2-3-6　模块选取器

还可以对这些图像进行分组处理。对应的右侧模块界面有"直方图""快速修改照片""关键字""关键字列表""元数据""评论"等，主要用于对图像应用、更改及修改调色后的操作数据进行同步处理。"图库"模块主要用于对图像进行应用操作，如图2-3-7所示。

图 2-3-7　图库模块

（2）修改照片：选择"修改照片"模块后，左侧模块界面有"导航器""预设""快照""历史记录""收藏夹"等，主要是对图像进行预设、调整以及复制粘贴，对应的右侧模块界面如图2-3-8所示，主要用于对图像进行修饰处理。"修改照片"模块主要用于对图像进行调整处理。

（二）图像显示工作区

Lightroom 的中心区是图像显示工作区，在这里可以对图像进行选择、检查，对图像处理前后的效果进行比较以及对图像进行分类管理,在处理过程中可以通过图像显示工作区实时预览处理效果,如图2-3-9所示。

图 2-3-8　修改照片模块界面

图 2-3-9　图像显示工作区

(三)左侧模块界面和右侧模块界面

两侧模块界面的内容会随模块的切换而改变。一般来讲,左侧模块界面可以查找和选择项目,右侧模块界面可以对选中的项目进行编辑或自定义设置,如图2-3-10所示。

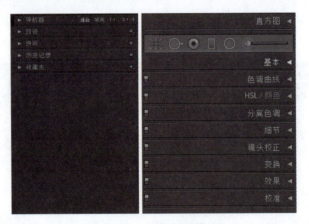

图 2-3-10　两侧模块界面

(四)胶片显示窗格

胶片显示窗格显示的图像组与图像显示工作区显示的图像组相同。它可以显示图库,选中的文件夹或收藏夹,或者按主题、日期、关键字或其他条件过滤的图像组中的所有图像。它可以直接处理胶片显示窗格中的缩览图;也可以为图像分配星级、旗标和色标,以及进行应用元数据和修改预设等操作;还可以旋转、移动、导出或删除图像。不论在哪个模块中工作,都可以使用胶片显示窗格快速地在选中的图像组中查询图像,而且可以切换到不同的图像组,如图2-3-11所示。

图 2-3-11　胶片显示窗格

模块二　VR 全景图后期拼接

任务实践

（1）任务工具：Lightroom软件（版本8.4）、PTGui软件、全景图本地播放器、图像素材。
（2）任务前准备：安装Lightroom软件、PTGui软件和全景图本地播放器并准备好图像素材。

一、任务实施

（一）Lightroom 基础功能——美化调色

首先我们将通过对"茶艺素材"中的单张平面图进行美化调色，让大家初步了解一下Lightroom的基本操作，具体步骤如下：

步骤1：
选中图片"茶艺1"，按住鼠标左键不放将图片拖进Lightroom软件中，如图2-3-12所示。

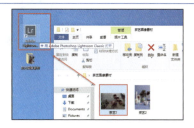

图 2-3-12　将图像拖至 Lightroom 软件中

步骤2：
"茶艺1"图像即可在Lightroom软件中打开，选中所需照片，接着勾选右下角的"导入"按钮即可，如图2-3-13所示。
技能拓展： 可能会遇到无法选中照片的情况，这是因为照片之前已经处理过，在软件的左侧框文件夹菜单栏中有记忆了，这时候需要退出导入面板，在重新打开的界面左侧寻找文件夹菜单栏中的"目录"再次单击照片进入就可以进行处理了，如图2-3-13、图2-3-14所示。

图 2-3-13　导入"茶艺1"　　图 2-3-14　在目录中找到所选照片

步骤3：
将"图库"模块，切换至"修改照片"模块即可对照片进行细节的调整，如图2-3-15所示。单击右上角"修改照片"按钮，就能成功切换了，如图2-3-16所示。

图 2-3-15　切换至"修改照片"模块

图 2-3-16　成功切换修改照片模块

步骤 4：
点开右侧模块界面中直方图旁的小三角，可打开可视的直方图，从直方图中能看到图片对应的一些信息，如图2-3-17所示。

知识拓展： 这些信息可以帮助用户决定是否需要调整曝光和对比度。

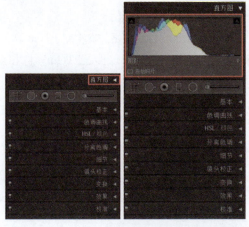

图 2-3-17　打开直方图

步骤 5：
根据图片的情况依次调整"基本""色调曲线""HSL/颜色""细节""镜头校正""变换""效果"和"校准"，单击右侧的小三角，即可打开对应的细节面板，如图2-3-18所示。

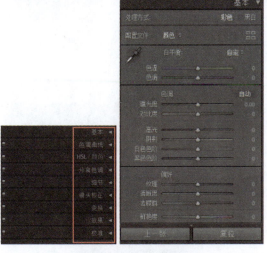

图 2-3-18　细节面板

步骤 6：
在"基本"细节面板进行初步的调整，左右拖动滑块即可调整参数，如图2-3-19所示。

知识拓展： 在Lightroom的白平衡调整上，可以调整色温和色调。色温是用来调节照片的色温的。色调是用来抵消照片中的不同颜色。在使用中，先拖动色温来调整照片的整体色温，再拖动色调来消除图片中的色差。

图 2-3-19　"基本"参数

模块二　VR 全景图后期拼接

步骤 7：
调整"色调曲线"参数，如图 2-3-20 所示。

知识拓展：色调曲线调整就是站在曲线上创建控制点，然后上下拉动，将曲线调整为不同形状，从而控制画面的影调和色彩。Lightroom 的色调曲线有参数曲线和点曲线两种调整形态，参数曲线通过滑块调整曲线形态，点曲线通过拖动点调整。

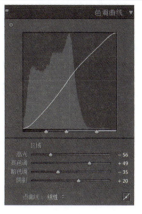

图 2-3-20　"色调曲线"参数

步骤 8：
调整"HSL"参数，左右拖动滑块即可调整，如图 2-3-21 所示。

知识拓展：此面板把画面分为色相、饱和度、明亮度，它们都有一组红、橙、黄、绿、浅绿、蓝、紫、洋红的滑块，通过对这些颜色的色相、饱和度、明亮度的调整，最终实现对画面的再次塑造。

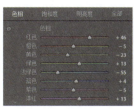

图 2-3-21　参数调整

步骤 9：
为了使图中的茶杯带有光滑细腻的效果，需要在"细节"面板处调整锐化和噪点消除，其中噪点消除中的明亮度参数数值越大，图片就越光滑，如图 2-3-22 所示。

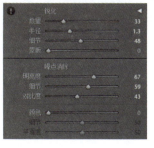

图 2-3-22　"细节"调整

步骤 10：
仔细观察图像，发现茶壶盖上有一个小污点，遇到有污点的情况，需要单击"直方图"下的污点去除工具，如图 2-3-23 所示。

图 2-3-23　污点去除工具

步骤 11：
鼠标指针由放大镜图标变成了污点去除图标，这时候只需要单击一下污点处，即可成功去除污点。重复单击一次污点去除工具，则取消污点工具的使用，如图 2-3-24 所示。

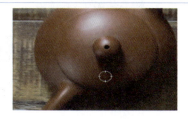

图 2-3-24　去除污点

2-39

步骤12：

检查茶壶是否还有需要调整的地方。如没有，就可以导出调色完成的茶艺图片。右击"胶片显示窗格"中的茶艺照，在快捷菜单中选择"导出"→"导出"命令，如图2-3-25所示。

图 2-3-25　导出图像

步骤13：

在弹出的导出选项框中，设置图像名称和导出路径，图像格式设置为JPEG，品质设置为100，色彩空间选择sRGB，在元数据选项中选择"所有元数据"并取消勾选"删除人物信息"和"删除位置信息"两个参数，这步操作是为了保留原素材的EXIF参数。最后单击"导出"按钮即可，如图2-3-26所示。

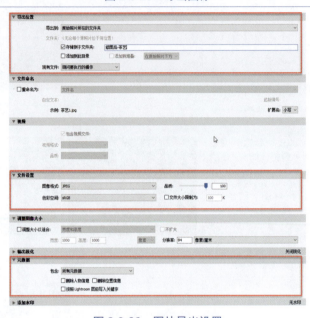

图 2-3-26　图片导出设置

步骤14：

最后等待Lightroom左上角进度条完成即可，如图2-3-27所示。

图 2-3-27　导出进度条

最终效果图： 最终通过对"基础""色调曲线""HSL"和"细节"功能的简单设置，茶艺照已美化完成，如图2-3-28所示。

图 2-3-28　美化完成的茶艺照

（二）课中练习——茶艺照素材美化

通过对以上图像素材的简单美化，我们初步学习了Lightroom软件的基础操作。接下来，请同学们对"茶艺2"照片进行美化，可以参考以上步骤操作，也可自行发挥。

（1）素材名称：茶艺素材。

（2）美化时间：15 min。

（3）最终参考效果如图2-3-29所示。

图 2-3-29　效果图

> 引导问题：为什么"调色"对不论是摄影领域，还是设计领域都是不可或缺的一步？请举例说明原因。

（三）Lightroom 进阶功能——VR 全景图美化

之前已经学习了如何使用Lightroom软件对单张平面图进行调色美化。接下来，将进入对全景图的针对性的美化学习，具体步骤如下：

步骤1：

首先打开Lightroom软件，单击左下角的"导入"按钮，将8张广场素材图导入Lightroom中。将图片全选后，最后单击右下角"导入"按钮即可将图像导入Lightroom，如图2-3-30所示。

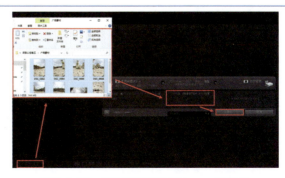

图 2-3-30　导入素材至 Lightroom 软件中

步骤2：

接着，将"图库"模式切换至"修改照片"模式，如图2-3-31、图2-3-32所示。

图2-3-31 "图库"模式界面

图2-3-32 "修改照片"模式界面

步骤3：

接下来，为了使广场图像从"阴天"变为"晴天"，需要重点设置"基本""色调曲线"和"HSL"，其中将"基本"中的"色温"往冷色调方向设置，可初步使图片变得"晴空万里"。需要注意的是，因为图像素材是在室外拍摄的，所以在调整参数的时候不能为了使画面变亮，而去大幅度调整"高光"和"曝光"，这样会一定程度造成图像的过曝，如图2-3-33～图2-3-38所示。

技能拓展： 遇到"画面过曝"的情况，可以单击"直方图"右上角的高光剪切，这样就能通过观察图像中的红色区域，来判断画面是否过曝，红色范围越大，过曝程度越高。"直方图"左上角的阴影剪切，蓝色范围越大，阴影程度越高。

 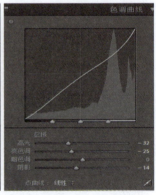

图2-3-33 "基本"参数和"色调曲线"参数

图2-3-34 "HSL"参数

模块二　VR 全景图后期拼接

图 2-3-35　"细节"参数和"镜头校正"参数

知识拓展:"镜头校正"功能是为了弥补镜头本身设计上的一些不足,比如暗角、畸变、色散等问题,所以一般都是勾选使用。镜头校正板块有两个选项,配置文件与手动。在配置文件选项下勾选"删除色差"和"启用配置文件校正",软件会根据拍摄时使用的镜头,启用相对应的配置文件对画面进行校正,需要注意的是,如果是使用鱼眼镜头进行拍摄,则不需要勾选"启动配置文件校正"。手动选项下可以自己手动对画面进行校正。

图 2-3-36　单击"高光剪切"查看图像是否过曝

图 2-3-37　单击"阴影剪切"查看图像阴影程度

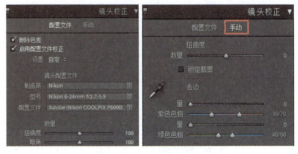

图 2-3-38　"镜头矫正"界面

步骤 4:

参数调整完后,我们需要同步所有照片的参数,按住【Shift】键选中"胶片显示窗格"中八张图像素材,接着单击最右侧的"同步"按钮,接着弹出"同步设置"窗口,勾选需要同步的参数后,单击右下角的"同步"按钮,如图2-3-39、图2-3-40所示。

图 2-3-39　全选图片单击"同步"按钮

2-43

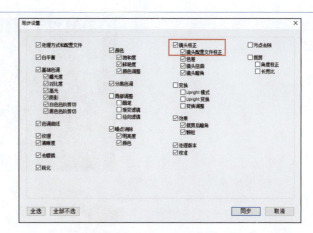

图 2-3-40 同步参数

步骤 5:

同步完参数后,即可将图像导出。选中"胶片显示窗格"中八张图像,单击导出选项,在弹出的导出选项框中,设置图像名称和导出路径,图像格式设置为JPEG,品质设置为100,色彩空间选择sRGB,最后选择"导出"命令,等待图像导出即可,如图2-3-41、图2-3-42所示。

图 2-3-41 全选图像

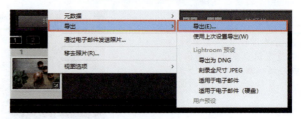

图 2-3-42 选择"导出"命令

最终效果图:前后对比图如图2-3-43所示。

图 2-3-43 调色前后对比

任务总结

阿煜老师："小骄，你来总结一下这次的学习内容吧。"

小骄："本次学习让我了解了Lightroom软件的基础操作，通过使用Lightroom软件中的'基本''色调曲线''HSL/颜色''细节'等功能对单张平面照和全景图像进行调色，让我深刻体会到了调色中的奥秘。"

阿煜老师："好的，看来你已经基本消化了本次学习的知识，非常棒！"

本任务我们先通过对单张平面照进行基础调色，让学生初步了解Lightroom软件的基础操作功能，同时在课堂中布置课堂练习，让学生运用课上所学的知识及技能点，并且可以根据学生个人想法和审美，对提供的图像素材进行自主美化，巩固强化技能点。之后，再为大家讲解如何使用Lightroom软件对全景图进行针对性的美化和调整，这不仅提升学生的学习兴趣，也能提高学生对技能的掌握程度。

课后练习

1. Lightroom特点在于可以用于_____和_____大批量照片。
2. Lightroom的工作界面分为_____、_____、_____、_____和_____五个区域。
3. Lightroom工作界面的五个区域的作用分别是什么？
4. 在使用Lightroom软件进行图像美化的过程中如何判断图像画面是否过曝？

知识拓展

影视剧调色和照片调色的区别

1. 形式上的区别

照片是静态图像，视频是动态图像，静态图像可以彻底改变颜色属性，而动态视频因为画面在运动，没有办法精准跟踪到每个元素，所以照片修图师可以在一张图片上修一周甚至更长时间，而且静态图片分辨率高，为二次加工创造了更多空间，这些都是视频图像无法做到的，照片有时候在经过修图师的创作后可以得到一个完全不一样的风格效果，视频调色就需要考虑到几百上千个镜头的统一，而不是在一张图片上面坚守阵地。

2. 内容上的区别

平面摄影中，不涉及太多戏剧化内容，后期处理上可能把人和产品修漂亮即可。视频则是为了讲故事，摄影机是游离于事物之间的一双眼睛，作为第三方来记录画面，需要客观表达，而且作为电影，场景布置、美术、道具、服装、化妆等都是经过精心设计，调色方向是强化故事情绪，而不是像平面摄影那样去修复瑕疵，如图2-3-44所示。

图 2-3-44　影视剧色调

3. 创作上的区别

照片基本是以一张或者一组为单位，没有剧情连续性，哪怕单张处理得非常艺术化都没关系，色调可以做得非常夸张，用一张极具视觉冲击力的效果吸引观众眼球。而一部影片的调色不是单一风格，不同的场景、故事都有不同的色调去烘托，这样才能给观众有一个情绪的变化和调动。

总而言之，照片和视频的调色区别，主要是他们性质形式不一样，所以调色侧重不一样，如图2-3-45所示。

图 2-3-45　摄影照色调

任务评价

任务三　Lightroom 软件的使用——评价表

姓名：	学号：		班级：	小组名称：
序　号	评估内容	分　值	评分说明	自我评定
1	任务完成情况	40分	按时按要求完成照片任务	
2	对Lightroom掌握程度	20分	吸收消化技能点，并运用在实践中	
3	个人全景图美化情况	20分	全景图美化步骤无误	
4	团队精神和合作意识	10分	小组成员全景图完成情况	
5	上课纪律	10分	遵守课堂纪律	

任务总结与反思：

小组其他成员评价得分
＿＿＿＿＿＿＿＿、＿＿＿＿＿＿＿＿、＿＿＿＿＿＿＿＿

组长评价得分：＿＿＿＿＿＿＿＿＿＿

教师评价：

任务四 VR 全景图拼接与美化

任务单

班级：＿＿＿＿＿＿＿ 姓名：＿＿＿＿＿＿＿ 学号：＿＿＿＿＿＿＿ 日期：＿＿＿＿＿＿＿

小组成员：＿＿＿＿＿＿＿＿＿＿＿＿＿＿＿＿＿＿＿＿＿＿＿＿＿＿＿＿＿＿＿＿＿＿＿＿＿

任务单说明：请同学们在完成"任务实践"环节中的实操部分后，填写以下任务单。

序号	VR全景图制作流程	任务说明	示 例	完成情况	
				已完成	未完成
1	"夏日荷塘素材"美化	使用Lightroom软件对"夏日荷塘"9张原图进行调色美化。需要注意的是，这九张图的调色参数需相同，如图2-4-1所示	图 2-4-1 "夏日荷塘素材"美化示例图		
2	"夏日荷塘素材"拼接	使用PTGui软件对美化完成的"夏日荷塘素材"进行拼接，需要注意的是，在拼接过程中，需要对拼接错位的地方进行处理，如图2-4-2所示	图 2-4-2 "夏日荷塘素材"拼接示例图		

序 号	VR全景图制作流程	任务说明	示 例	完成情况	
				已完成	未完成
3	"夏日荷塘素材"全景图细节处理	使用Photoshop软件对拼接完成的全景图进行补地处理,如图2-4-3所示	图 2-4-3 "夏日荷塘素材"全景细节处理示例图		
备 注		小组中的每位同学,需在制作之前了解任务说明,每完成一项要在相应完成情况处打上√。任务结束后,小组组长需将图像分类保存好,并将图像与此任务单一起交给任课老师			
任务思考		问题①:后期制作全景图,主要分为那几步骤? 问题②:在使用Lightroom、PTGui和Photoshop制作全景图的过程中,分别需要注意哪些地方?请阐述至少三个注意点。			

学习目标

知识目标

◎熟悉后期全景图制作的全流程操作步骤。

◎熟悉PTGui中各类功能的使用。

◎熟悉如何使用Lightroom对多图进行同步调色。

◎熟悉如何使用Photoshop软件对图像进行美化。

能力目标

◎能熟练使用PTGi软件对全景图进行拼接。

◎能熟练使用Lightroom对多图进行同步调色。

◎能熟练使用Photoshop软件对图像进行美化。

模块二　VR全景图后期拼接

素养目标

◎ 能养成严谨细致的工作习惯，注重VR全景图制作的流程细节。
◎ 能从多方面观察VR全景图素材的细节，从而形成审美意识。

任务描述

通过前面的学习，我们已经对VR全景图的调色美化、多图拼接、细节补地处理等操作依次进行了学习。但是，如果现在有一套需要进行制作的全景原图素材，你们是否可以按照标准的制作流程来完成一张高质量的全景图呢？

接下来，将为大家讲解如何按照标准的流程来制作VR全景图。

知识准备

VR全景图后期制作流程

VR全景图的后期处理大致有初步调色、多图拼接、补地细节处理三个流程。在VR全景图后期处理的三个流程中，我们会使用软件工具进行处理。很多软件都在尝试将VR全景图后期处理涉及的所有过程全部融合在一起，目前即使有可以完美融合所有流程的软件，它们在某些领域也依然无法达到最好的效果。为了保证我们制作的VR全景图是一个优质的VR全景作品，我们还是需要通过使用前几个任务所用到的软件进行后期处理。

后期处理所使用的软件及具体步骤如下：

（1）将拍摄完毕的VR全景图素材导入Lightroom软件中，调整图片的曝光值等参数，使画面变得更加精美后，对同组图片进行同步处理后导出JPEG格式的图片，如图2-4-4所示。

图 2-4-4　Lightroom 软件

（2）将经过初步调整的图片导入PTGui软件进行拼接、细节处理等操作，创建画面比例为2∶1的VR全景图，如图2-4-5所示。

图 2-4-5　PTGui 软件

2-49

（3）对处理合成好的VR全景图进行检查，通过Photoshop软件进行补地和细节调整，如图2-4-6所示。

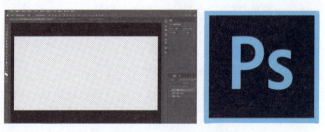

图 2-4-6　Photoshop 软件

任务实践

（1）任务工具：Lightroom软件（版本8.4）、PTGui软件、Photoshop软件、全景图本地播放器、图像素材。

（2）任务前准备：安装Lightroom软件、PTGui软件、Photoshop软件、全景图本地播放器并准备好图像素材。

一、任务实施

（一）流程1：Lightroom 原素材初步美化

首先我们需要使用Lightroom软件对"夏日荷塘素材"进行美化调色。

步骤1：　将9张夏日荷塘素材图导入Lightroom中。将图片全选后，按住鼠标左键不放拖动至软件中，选中所有素材，最后单击右下角"导入"按钮即可将图像导入Lightroom，如图2-4-7所示。	 图 2-4-7　将素材导入 Lightroom 软件
步骤2：　将"图库"模式切换至"修改照片"模式，如图2-4-8所示。	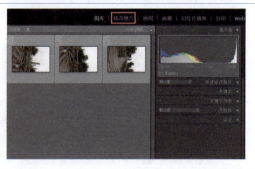 图 2-4-8　将"图库"模式切换至"修改照片"模式

步骤3：

接下来对夏日荷塘素材进行调色美化。首先观察原图，可以看到原图画面非常暗淡，图中的植物感觉即将要枯萎，如图2-4-9所示。如果想让它们"复苏"，使画面变得鲜活起来，要怎么做呢？请看接下来的步骤。

图 2-4-9　夏日荷塘素材原图

图 2-4-10　处于颠倒的图像

步骤4：

工作界面中的图像处于颠倒方向，为了方便调色，这时候需要单击菜单栏中的"照片"，在下拉列表中单击"逆时针旋转"，即可将图像转换成水平方向，如图2-4-10～图2-4-14所示。

技能拓展： 单击左下方左侧的"视图切换"，可将视图有独立视图转为修改前后对比的两个视图。

图 2-4-11　单击"逆时针旋转"

图 2-4-12　图像处于水平方向

图 2-4-13　切换视图　　　图 2-4-14　视图切换按键

步骤 5：
　　进入正式调色阶段。首先打开"基本"细节面板，调整图像的曝光、色温、色调、高光、去朦胧等基础参数。调完以上参数，画面有了初步变化，如图2-4-15所示。

图 2-4-15　调整"基本"参数

步骤 6：
　　然后，打开"HSL"细节面板，重点调整色相中绿色，这时候可以看到图像中的植物开始变得"绿意葱葱"，如图2-4-16所示。

图 2-4-16　色相调整

步骤 7：
　　图像基本已完成调色，接下来，需要对镜头进行校正，勾选"删除色差"和"启用配置文件校正"复选框，并选择相机所对应的镜头配置文件，软件即可对图像进行自动校正，如图2-4-17所示。

图 2-4-17　镜头校正

步骤 8：

参数调整完成后，需要同步所有照片的参数，按住【Shift】键选中"胶片显示窗格"中九张图像素材，接着在弹出的"同步设置"窗口，勾选需要同步的参数后，单击右下角的"同步"按钮，如图2-4-18所示。

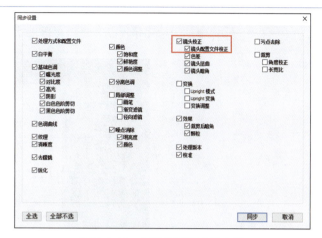

图 2-4-18　候选需要同步的参数

步骤 9：

在导出图像之前，需要将之前调整过方向的图像还原到原先的方向，单击菜单栏中的"照片"，在下拉列表中单击"顺时针旋转"，即可将图像转换为原先的方向，如图2-4-19所示。

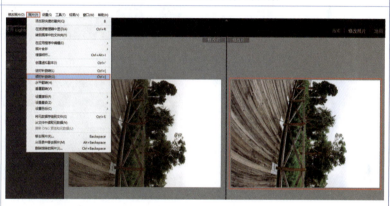

图 2-4-19　调整图像方向

步骤 10：

调整完以上参数后，即可将图像导出。全选"胶片显示窗格"中九张图像，右击，在弹出的快捷菜单中选择"导出"命令。在弹出的对话框中，设置图像名称和导出路径，图像格式设置为JPEG，品质设置为100，色彩空间选择sRGB，在元数据界面中选择"所有元数据"并取消勾选"删除人物信息"和"删除位置信息"两个参数，这步操作是为了保留原素材的EXIF参数。最后单击"导出"按钮，等待图像导出即可，如图2-4-20所示。

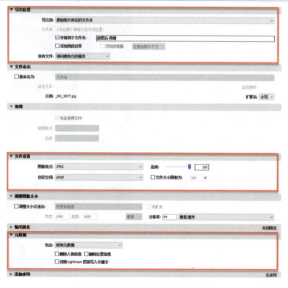

图 2-4-20　图像导出设置

（二）流程2：PTGui全景图拼接

图像初步美化完成后，就可以使用PTGui对其进行拼接了，具体步骤如下：

步骤1：

单击工作界面中的"加载影像"，在弹出的添加影像选项框中选中美化完成的"夏日荷塘素材"，最后单击右下角"打开"按钮即可，软件会自动识别素材的EXIF参数，如图2-4-21、图2-4-22所示。

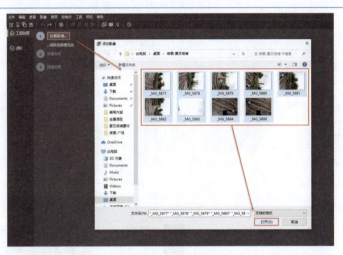

图 2-4-21　将素材导入 PTGui 软件中

图 2-4-22　导入成功

步骤2：

素材导入完成后，单击下方的"对齐影像"，后面软件弹出选项框，提示图7无控制点，需要对图像手动增加控制点，如图2-4-23、图2-4-24所示。

图 2-4-23　提示增加控制点

图 2-4-24　提示图 7 没有任何控制点

步骤 3：

打开"全景编辑器"，可以看到全景图天空的部分出现在下方，上方部分是空缺着的，我们可以点开"编辑单个影像"，单选图像7，尝试手动将错位的图7部分移动至天空位置，如图2-4-25、图2-4-26、图2-4-27所示。

图 2-4-25　天空部分为空缺

图 2-4-26　切换至"编辑单个影像"

图 2-4-27　手动移动图 7

步骤 4：

移动完成后，按【F5】键，这是优化功能的快捷键，弹出优化选项框，提示优化结果不好，这是因为全景图的平均控制点距离过大，一般来说全景图的控制点距离最好不要超过5，如图2-4-28所示。

图 2-4-28　全景图优化结果选项框

步骤 5：

遇到控制点距离过大的情况，我们需要按住【Ctrl+B】组合键，在打开控制点表后，按住【Shift】键，选中控制点大于5的影像，最后右击，在快捷菜单中选择"删除"命令，如图2-4-29所示。

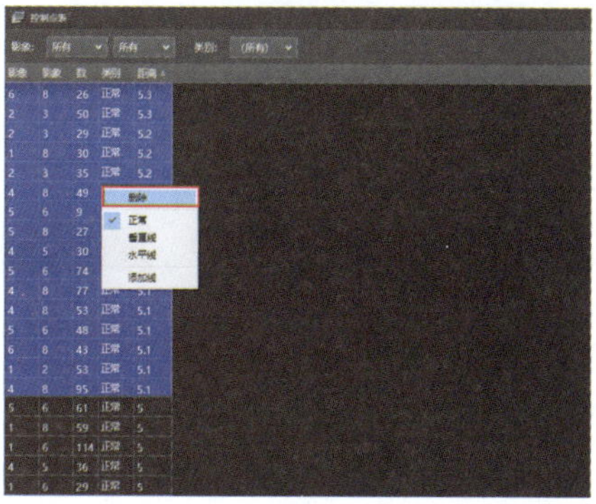

图 2-4-29　删除数值大于 5 的控制点

图 2-4-30　提示需要为图像增加控制点

步骤 6：

删除完距离大于 5 的控制点后，按【F5】键，会发现优化选项框的优化结果为"好"，此时单击"是"按钮，会发现软件再次提示需要手动为没有控制点的影像增加控制点。这时候要进入"控制点"功能界面，找到没有控制点的图像 7，为其增加控制点，如图 2-4-30、图 2-4-31 所示。

图 2-4-31　切换至"控制点"功能界面

步骤 7：

接下来，为左框天空图 7 与右框图 1 中的相同部分增加控制点，如图 2-4-32 所示。

图 2-4-32　为图 7 和图 1 的相同部分增加控制点

步骤 8：

为天空图 7 和图 1 手动增加完控制点后，将图 1 切换至同样与图 7 有相同点的图 4。为了便于查找控制点，可以单击界面图 7 左下角的照片旋转按键，使图 7 的方向位置与图 4 相同，"A"按键可以将照片回到原始位置，如图 2-4-33 所示。

图 2-4-33　旋转照片

步骤 9：

调整完以上设置后，可以上下滑动滚轮放大图像，这样方便查找图像细节，增加控制点，如图 2-4-34 所示。

图 2-4-34　滑动滚轮缩大图像

步骤 10：
　　接下来，需要手动为左框天空图7与右框图4中的相同部分增加控制点，如图2-4-35所示。

图 2-4-35　为图 7 和图 4 的相同部分增加控制点

步骤 11：
　　为以上图像增加完控制点后，进入"优化"功能进阶版界面，将除了图7"观点"中的设置调整为优化后，单击左下角的"运行优化程序"按钮，如图2-4-36所示。

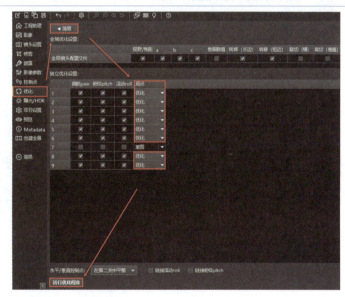

图 2-4-36　"优化"功能设置

步骤 12：
　　在弹出的选项框中，可以看到优化结果为"佳"，此时单击"是"按钮即可，返回"全景编辑"界面可以看到天空部分已修补完成，如图2-4-37所示。

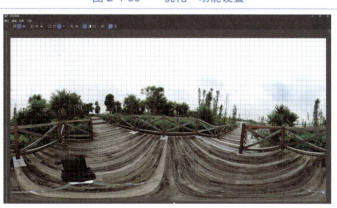

图 2-4-37　完成天空修复

步骤13：
使用PTGui中的遮罩功能去除图8和图9地上的全景云台，如图2-4-38所示。

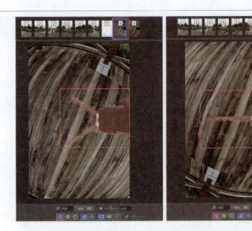

图 2-4-38　使用遮罩功能去除云台

步骤14：
去除完云台后，进入"优化"功能进阶界面，进行优化即可，如图2-4-39所示。

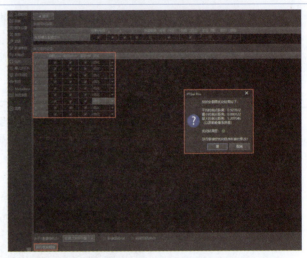

图 2-4-39　优化图像

步骤15：
接着返回"全景编辑"界面，使用"放大镜"查看图像细节，在弹出的"细节查看器"中，可以看到地面上空缺部分的附件有拼接错位的地方，如图2-4-40、图2-4-41所示。

图 2-4-40　使用放大镜功能打开"细节查看器"

图 2-4-41　地面错位部分

步骤 16:
然后需要进入控制点界面，来进行图像的修复，如图2-4-42所示。

图 2-4-42　进入"控制点"功能界面

步骤 17:
将"控制点"界面处的左右框分别切换至图8和图9，对地面纹路和白色底座处的几个角进行控制点增加，如图2-4-43所示。

图 2-4-43　为图 8 和图 9 增加控制点

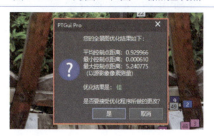

图 2-4-44　对图像进行优化

步骤 18:
添加完控制点后，使用快捷键【F5】对图像进行优化。打开"细节查看器"界面，可以看到图像原先拼接错位的部分已修复完成，如还有错位问题，可以尝试在错位部分处多添加控制点，如图2-4-44、图2-4-45所示。

图 2-4-45　地面修复完成

步骤 19：
　　图像错位部分修复后，进入"全景图编辑"界面，按住鼠标左键不放，拖动画面至水平位置，如图2-4-46所示。

图 2-4-46　将图像调至水平位置

步骤 20：
　　以上步骤全部完成后，即可进入"创建全景"界面导出全景图，我们需要将图片设成宽10 000像素，高5 000像素，文件格式为JPEG（.jpg），并选择输出文件地址，如图2-4-47所示。

图 2-4-47　创建全景

（三）流程 3：Photoshop 套索补地

步骤 1：
　　将导出的全景图拖进Photoshop软件中，如图2-4-48所示。

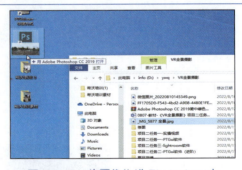

图 2-4-48　将图像拖进 Photoshop 中

步骤 2：
　　然后需要复制一个背景图层，可以单击图层后，按【Ctrl+J】组合键复制，也可以单击图层，按住鼠标不放，将图层拖动至右下角倒数第二个图标进行复制，如图2-4-49所示。

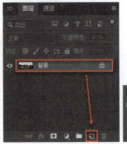

图 2-4-49　复制图层

步骤3:

选中刚刚所复制的图层,单击菜单栏中"3D"选项里"球面全景"中的"通过选中的图层新建全景图层"选项,一开始的图像在PS中以全景图的形式所呈现,这样我们就可以全方位查看VR全景图了,如图2-4-50、图2-4-51所示。

图 2-4-50　生成球面全景

图 2-4-51　全方位查看 VR 全景图

步骤4:

用鼠标向下拖到黑洞位置,选择左侧工具栏中的"套索"工具,按住鼠标左键不放,沿着黑洞边画一个轮廓,注意在使用套索工具时,画的结束点需要与起始点相触碰,这样才能成功将黑洞完整围绕,如图2-4-52所示。

图 2-4-52　使用套索工具画黑洞轮廓

步骤5:

画完轮廓之后,将鼠标指针放在黑洞中心,右击,在快捷菜单中选择"填充"命令,在弹出的"填充"对话框中,内容选择"内容识别",勾选"颜色适应"复选框,模式选择"正常",不透明度为100%,最后单击"确定"按钮即可,如图2-4-53所示。

图 2-4-53　填充黑洞

步骤6：

　　完成以上操作后，黑洞已经被填充完成，此时需要按【Ctrl+D】组合键取消轮廓虚线，如果快捷键不起作用，可以检查一下是不是英文输入法，如图2-4-54所示。

图 2-4-54　填充黑洞后的效果图

步骤7：

　　双击右下角图层中的"Spherical Map"选项，全景图随即转换为正常的平面模式，可以看到原先全景图底部的黑洞部分已经被抹去，如图2-4-55所示。

图 2-4-55　将全景模式转换为平面模式

步骤8：

　　将全景图导出。按【Ctrl+Shift+S】组合键弹出"导出"对话框，选择存储位置，给文件命名，并将文件保存类型选为JPEG格式，单击"保存"按钮即可，如图2-4-56所示。

图 2-4-56　保存文件

模块二　VR全景图后期拼接

步骤9：

最后将导出的荷塘全景图拖进全景图本地播放器，拖动鼠标即可360°查看调整完成的全景图了，如图2-4-57所示。

图 2-4-57　全方位观看夏日荷塘全景图

　　以上就是全景图制作的全流程操作，同学们可以尝试着对前期课中拍摄的全景素材图进行制作，检验自己是否已经掌握了后期全景图制作的方法，也可以判断自己前期拍摄的素材是否满足后期拼接的标准。

任务总结

　　阿煜老师："小骄，你来总结一下这次学习内容吧。"

　　小骄："本次学习让我了解了制作全景图的标准流程，首先需要使用Lightroom软件对图像素材进行调色，接着使用PTGui软件对调色完成的素材进行拼接，最后使用Photoshop软件对导出的全景图进行补地处理。"

　　阿煜老师："看来你已经能在面对一套全景原图素材时，按照标准的流程来制作全景图了，希望你继续加油。"

　　本任务我们结合前三个任务中所使用到的三款软件，讲解了制作全景图的全流程，不仅巩固了以往所学知识点，还进行了拓展讲解。为学生提供全景原图素材进行练习，让学生真正在做中学，在学中做，从而达到知行合一。

课后练习

1. VR全景图后期制作流程分为＿＿＿＿、＿＿＿＿和＿＿＿＿三个流程。
2. 简述VR全景图后期制作三大流程的重要性。

知识拓展

全景图像投影

　　全景投影有很多种方式可以实现，这里重点介绍目前全景处理软件常用的几种投影方式。

（一）球面投影

　　球面投影也称球面矩形投影或等距圆柱投影。这是打开环绕球体最常用的方法，也是目前全景软件普遍支持的投影方式。经过投影处理后的全景图像是一幅2∶1比例的图片，就像一幅世界地图，如图2-4-58所示。

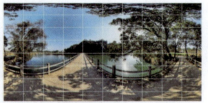

图2-4-58　球面投影

（二）立方体面投影

能够实现环绕视觉的不仅是球形，也可以是立方体。在一个六面正方体里，如果我们的视点处在它的正中央，那么只需对每个视角进行适当的图像补偿，就能达到与球面投影一样的环视效果。这种投影方式的优点是，投影的图像是水平或垂直的截面，图像的变形降低到了最低程度，可以输出连续的或独立的立方体面的图片，每一个立方体面的图片都是水平视角90°、垂直视角90°的正方形图像。这种投影的图像有6条接缝，后期处理时不能对接缝处的影像进行修改，任何调整和修改都只能在立方体面图片的内部进行，否则就会在接缝处出现像素错位、影调分割等问题，破坏影像的连续性，如图2-4-59所示。

图2-4-59　立方体面投影

（三）小星球投影

小星球投影图像被极端扭曲和变形，其视角却达360°，包括了三维空间的所有影像，但此图像不适合作后期的修改。尽管它不适合作为动态全景的源图像文件，但输出的二维平面图片确实很有视觉张力，用以特殊题材或表现思想情绪的手段，或许能获得出人意料的效果，如图2-4-60所示。

图2-4-60　小星球投影

任务评价

任务四　VR 全景图拼接与美化——评价表					
姓名：	学号：		班级：	小组名称：	
序　号	评估内容		分　值	评分说明	自我评定
1	任务完成情况		40分	按时按要求完成照片任务	
2	对三个软件的掌握程度		20分	吸收消化技能点，并运用在实践中	
3	个人全景图制作情况		20分	全景图制作步骤无误	
4	团队精神和合作意识		10分	小组成员全景图完成情况	
5	上课纪律		10分	遵守课堂纪律	

任务总结与反思：

小组其他成员评价得分：
_____、_____、_____、_____

组长评价得分：_____

教师评价：

实战练习　VR 全景图后期拼接

方案说明

对模块一实战策划中拍摄的全景图素材进行后期拼接及细节处理。

前期准备

1. 阅读方案说明书确认工作任务。
2. 结合工作任务一至工作任务四相关知识技能点，完成以下方案内容的填写。

方案策划

方案名称：		
方案主题：		
后期制作人员：_____ 制作日期：_____		
VR全景图制作软件		
序 号	软件名称	备 注
VR全景图制作流程		

序 号	VR全景图制作步骤	注意要点
1		

VR全景图制作流程		
序　号	VR全景图制作步骤	注意要点
2		
3		
4		

VR全景图制作流程		
序　号	VR全景图制作步骤	注意要点
5		
6		
7		

后期处理总结：

模块三 VR全景摄影综合实训 03

情景导入

小骄经过这段时间的学习，基本掌握了VR全景摄影中的前期拍摄及后期拼接的相关技能，现在她已经跃跃欲试，想要尝试拍摄真实项目。

小骄："阿煜老师，通过这一段时间的学习，我相信自己可以制作出一张高质量的VR全景图啦。后面，我想尝试拍摄真实的项目。"

阿煜老师："现在还不是让你去拍摄真实项目的最佳时候。在这之前，你需要多实战，多积累经验。只有这样，才可以保证你之后在任何场景和各种特殊情况下都能发挥出正常的水平，使拍摄结果达到自己满意的效果。所以接下来，我会给你安排几场拍摄实战。"

小骄："好！我做好准备啦！"

任务分解

任务一 室内场景拍摄——多功能会议室　　**任务二** 室内场景拍摄——授课教室
任务三 室外场景拍摄——小花园　　　　　**任务四** 室外场景拍摄——操场

任务一　室内场景拍摄——多功能会议室

任务单

班级：_____　姓名：_____　学号：_____　日期：_____

小组成员：_____

任务单说明：请同学们在完成"任务实践"环节中的实操部分后，填写以下任务单。

序 号	VR全景图制作	任务说明	示 例	完成情况	
				已完成	未完成
前 期 拍 摄					
1	校园全景图①（室内）素材拍摄	根据所选用的相机和镜头，拍摄足够数量的照片，如图3-1-1所示。 拍摄要点： 1. 每两张连续的照片需要至少25%的重合部分； 2. 相机各参数保持一致； 3. 机位保持固定，在拍摄整组照片时，不论拍多少张素材，都是围绕一个中心进行的	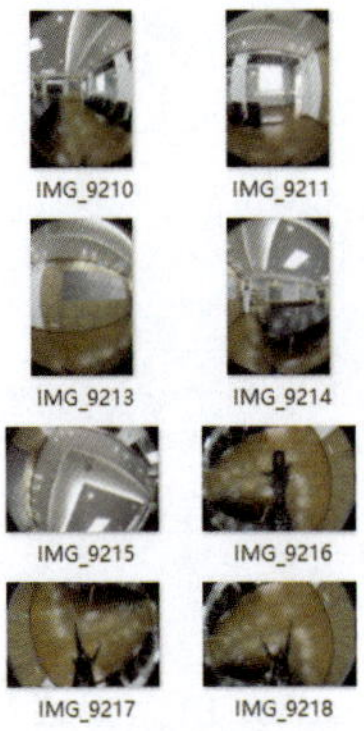 图 3-1-1　校园全景图①（室内）素材拍摄示例图		
后 期 处 理					
2	校园全景图①（室内）素材精修	将拍摄完成的素材图片进行美化、调色和修复，如图3-1-2所示。 拍摄要点： 1. 保持每张照片色调统一，在全景画面中亮度和谐； 2. 对素材进行污点修复	 图 3-1-2　校园全景图①（室内）素材精修示例图		

序　号	VR全景图制作	任务说明	示　例	完成情况	
				已完成	未完成
后　期　处　理					
3	校园全景图①（室内）基础拼接	通过对PTGui软件的学习和练习，自主将拍摄完成的素材图进行拼接，最终制作成一张完整全景图，如图3-1-3所示。 拍摄要点 1. 掌握图片导入熟练使用控制点，注意拼接是否有错位； 2. 适时使用遮罩，避免穿帮（云台、三脚架、人物等）； 3. 导出图像为.jpeg，宽高比为2∶1	图3-1-3　校园全景图①（室内）基础拼接示例图		
4	校园全景图①（室内）补地处理	处理全景图中地面空缺部分。 拍摄要点 1. 地面上空缺部分能够自然填补； 2. 处理地面上其他瑕疵	—		
备　注	小组中的每位同学，需在制作之前了解任务说明，每完成一项要在相应完成情况处打上√。任务结束后，小组组长需将图像分类保存好，并将图像与此任务单一起交给任课老师				
任务思考	问题①：在进行该室内场景的全景拍摄项目前，有哪些地方是需要格外注意的？ 问题②：在进行该室内场景的全景拍摄项目时，对拍摄设备做了哪些调试？ 问题③：在全景图拼接前，使用Lightroom对图像素材进行哪些处理，遇到哪些问题？如何处理这些问题的？ 问题④：在进行全景图拼接时，遇到了什么问题？如何解决这些问题的？				

学习目标

知识目标

◎熟悉室内VR全景图前期拍摄的方法。
◎熟悉室内VR全景图后期制作的流程。

能力目标

◎能够熟练使用三脚架、全景云台和相机拍摄VR全景图素材。
◎能够熟练使用PTGui、Photoshop和Lightroom软件制作VR全景图。

素养目标

◎养成严谨细致的工作习惯,注重前期VR全景图素材拍摄和后期全景图制作的流程细节。
◎在团队合作拍摄VR全景图素材的过程中,养成互帮互助的合作意识。

任务书

对学校任意室内场景进行VR全景拍摄,并成功制作成VR全景图。

室内场景可选择教室、实训室、办公室、体育馆、茶艺室、图书馆等,如图3-1-4所示。

工作准备

1. 阅读任务书确认工作任务。
2. 进行拍摄场景的选择、拍摄申请,摄影器材的申请。

注意事项

正式拍摄前,应该从三个方面对拍摄设备进行检查。

1. 全景云台的调节

在正式拍摄前,需将相机和全景云台组装完成,注意检查全景云台是否有螺丝松动以及刻度是否对准,单反相机是否处于水平状态,如图3-1-5所示。

2. 三脚架调节

室内的拍摄高度一般为人站立后的下巴高度(相机镜头与摄影师的下巴齐平即可)。但根据不同的场景,机位也要相应地进行调整,并且还需要保持三脚架于水平状态。

图 3-1-4 校园室内场景参考①

图 3-1-5 全景云台调节

3. 其他检查

要检查内存卡是否留有足够空间，建议每次拍摄后都备份；检查相机电池电量是否充足；摄影包和脚架包不要放置在地上，可能会被记录到画面内，建议随身携带。

任务分组

班　级		组　名		指导老师	
组　长		学　号			
组　员	姓　名	学　号	姓　名	学　号	

任务分工

工作实施

引导问题1：选择拍摄的场地是哪里？是否可以正常进行拍摄任务？说说选择它的理由与想要赋予它的意义。

引导问题2：需要使用的拍摄设备有哪些需求？填写设备清单（见表3-1-1）。

表 3-1-1　设备清单

序　号	设　　备	型　　号	数　　量	借用时间	组长签字
1					
2					
3					
4					
5					
6					
7					
8					
9					
10					
11					
12					

引导问题3：所选择的相机是多大画幅？所选择的镜头与相机组合后，拍摄360°画面需要拍几张照片？云台每次需要旋转多少度？

引导问题4：所使用的补地方式是哪一种？其补地优势是什么？

引导问题5：进入拍摄场地后观察最佳拍摄点，在框中标注拍摄点并阐述这个拍摄点的优势。

引导问题6：现场的光线如何？能否满足拍摄需求？相机拍摄参数设置填入表3-1-2。

表 3-1-2　相机拍摄参数设置

参　　数	设置情况	设置的原因

续表

参　数	设置情况	设置的原因

拍摄参考

同学们可以参考以下步骤来进行VR全景图的前期拍摄及后期拼接。详细的步骤及操作原理于模块一及模块二已详细讲解，所以本次操作过程不再赘述。

步骤1：
　　组装全景云台及三脚架，如图3-1-6、图3-1-7、图3-1-8所示。

图 3-1-6　将分度盘与三脚架进行组合

图 3-1-7　组装横板、承载板、双面夹座等零件

图 3-1-8　组装完成

步骤2：
　　将相机安装到全景云台上，如图3-1-9、图3-1-10所示。

图 3-1-9　安装相机快装板　　　图 3-1-10　将相机放置双面夹座上，并将快装板固定旋钮拧紧

步骤3：
　　全部安装完成后，即可调整相机节点，首先需要确认显示屏水平中线是否有对齐分度台中心。对齐后，把承载板转动至水平方向，在环境中找到两个竖直的参照物，使显示屏上的中心网格线、中间点、竖直参照物重合，左右转动云台观察重合点是否有偏移，如没有偏移，则证明相机节点已调整完成。如有偏移，需要调整双面加班的位置，如图3-1-11、图3-1-12所示。

图 3-1-11　确认显示屏水平中线是否有对齐分度台中心

图 3-1-12　寻找参照物进行节点调整

步骤4：
　　调整完节点后，便可对场景进行拍摄了。确保每两张照片的重合度需保持至少25%的重合度，由于使用的是焦距为8 mm的鱼眼镜头，所以每90°拍摄一张照片即可，环绕一圈拍摄加上补天和补地（本次使用的是外翻补地法）总共拍摄8张即可，如图3-1-13、图3-1-14所示。

图 3-1-13　外翻补地　　　图 3-1-14　总计拍摄 8 张

8张照片拍摄参数见表3-1-3所示，由于拍摄的地点为室内，所以在保持白平衡为4 700、镜头焦距为8 mm、曝光模式为M档、对焦模式为手动对焦以外，根据现场明暗情况调整ISO、光圈和快门的数值。在拍摄时保持小光圈，将光圈值设置为8，之后依次调整快门速度和ISO值，保证画面不过曝也不欠曝。

表 3-1-3　相机参数设置

参　　数	设置情况
ISO	800
光圈	F/8
快门	1/45
白平衡	色温4 700
镜头焦距	8 mm
曝光模式	M档
对焦模式	手动对焦

步骤5：
　　将拍摄完成的素材先导进Lightroom软件中进行美化，如图3-1-15所示。

图 3-1-15　使用 Lightroom 美化素材

步骤6：
　　将美化完成的素材导进PTGui软件中进行拼接，如图3-1-16所示，若要进行补地处理，使用Photoshop软件即可，具体拼接及细节处理的步骤参照模块二内容。

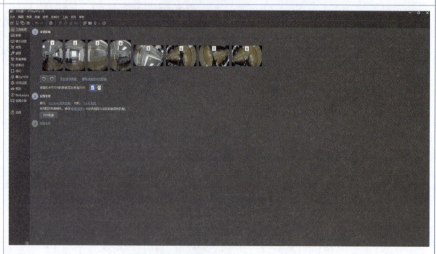

图 3-1-16　使用 PTGui 软件进行拼接

步骤7：

最后，将完成的全景图导入全景图本地播放器即可全方位查看VR全景图了，如图3-1-17、图3-1-18所示。

图 3-1-17　后期制作完成的 VR 全景图

图 3-1-18　全方位查看全景图

实战总结

阿煜老师："小骄，你来总结一下这次实战内容吧。"

小骄："在本次校园室内拍摄实战中，运用了前段时间所学的前期拍摄及后期制作的相关技能。在实战过程中，我不仅加深了对技能的掌握，更深入了解了VR全景图前期拍摄和后期制作的全部流程，也增加了很多实战经验，相信通过这次和后面的实战，我能对VR全景拍摄有更深入的了解。"

阿煜老师："很好，看来你在这次实战中收获颇多，希望你在之后的实战中继续加油。"

本次实战让学生成为教学过程中的"主角"，对要完成的任务有清晰的蓝图、明确的计划、亲身经历完成的实战过程，学生在这期间有明确的目标，处于积极、主动的状态。最终能使其职业能力得到有效提高。

实战评价

根据实战的过程及结果进行自评，评价自己是否能完成VR全景图的前期拍摄及后期拼接，并且需要根据实际情况对小组其他成员进行评分。

任务一 室内场景拍摄——多功能会议室——实战评价表

| 姓名： | | 学号： | | 班级： | | 小组名称： | |

序号	评估内容	分值	评分说明	自我评定
1	任务完成情况	30分	按时按要求完成照片任务	
2	对全景云台的掌握程度	5分	全景云台与三脚架组装步骤无误	
3	对相机节点设置的掌握程度	5分	相机节点设置标准	
4	对前期拍摄全流程的掌握程度	20分	VR全景图前期拍摄步骤无误	
5	对Lightroom软件的掌握程度	5分	全景图像素材美化步骤无误	
6	对PTGui软件的掌握程度	5分	PTGui软件蒙版及控制点功能操作步骤无误	
7	对后期VR全景图制作全流程的掌握程度	20分	VR全景图后期制作步骤无误	
8	团队精神和合作意识	10分	与小组成员之间合作交流，协调工作	

实战总结与反思：

小组其他成员评价得分：
_____、_____、_____、_____

组长评价得分：_____

教师评价：

任务二　室内场景拍摄——授课教室

任务单

班级：_____　姓名：_____　学号：_____　日期：_____

小组成员：_____

任务单说明：请同学们在完成"任务实践"环节中的实操部分后，填写以下任务单。

任务二　室内场景拍摄——授课教室

序号	VR全景图制作	任务说明	示例	完成情况 已完成	完成情况 未完成
		前期拍摄			
1	校园全景图②（室内）素材拍摄	根据所选用的相机和镜头，拍摄足够数量的照片，如图3-2-1所示。 拍摄要点： 1．每两张连续的照片需要至少25%的重合部分； 2．相机各参数保持一致； 3．机位保持固定，在拍摄整组照片时，不论拍多少张素材，都是围绕一个中心进行的	图3-2-1　校园全景图②（室内）素材拍摄示例图		
		后期处理			
2	校园全景图②（室内）素材精修	将拍摄完成的素材图片进行美化、调色和修复，如图3-2-2所示。 拍摄要点 1．保持每张照片色调统一，在全景画面中亮度和谐； 2．对素材进行污点修复	图3-2-2　校园全景图②（室内）素材精修示例图		

序 号	VR全景图制作	任务说明	示 例	完成情况	
				已完成	未完成
后 期 处 理					
3	校园全景图②（室内）基础拼接	通过对PTGui软件的学习和练习，自主将拍摄完成的素材图进行拼接，最终制作成一张完整全景图，如图3-2-3所示。 拍摄要点 1. 掌握图片导入熟练使用控制点，注意拼接是否有错位； 2. 适时使用遮罩，避免穿帮（云台、三脚架、人物等）； 3. 导出图像为.jpeg，宽高比为2：1	图3-2-3　校园全景图②（室内）基础拼接示例图		
4	校园全景图②（室内）补地处理	处理全景图中地面空缺部分。 拍摄要点 1. 地面上空缺部分能够自然填补； 2. 处理地面上其他瑕疵	—		
备　注	小组中的每位同学，需在制作之前了解任务说明，每完成一项要在相应完成情况处打上√。任务结束后，小组组长需将图像分类保存好，并将图像与此任务单一起交给任课老师				
任务思考	问题①：在进行该室内场景的全景拍摄项目前，有哪些地方是需要格外注意的？ 问题②：在进行该室内场景的全景拍摄项目时，对拍摄设备做了哪些调试？ 问题③：在全景图拼接前，使用Lightroom对图像素材进行了哪些处理，遇到过哪些问题？你是如何处理这些问题的？ 问题④：在进行全景图拼接时，遇到了什么问题？你是如何解决这些问题的？				

模块三　VR全景摄影综合实训

学习目标

知识目标
◎熟悉室内VR全景图前期拍摄的方法。
◎熟悉室内VR全景图后期制作的流程。

能力目标
◎能够熟练使用三脚架、全景云台和相机拍摄VR全景图素材。
◎能够熟练使用PTGui、Photoshop和Lightroom软件制作VR全景图。

素养目标
◎养成严谨细致的工作习惯，注重前期VR全景图素材拍摄和后期全景图制作的流程细节。
◎在团队合作拍摄VR全景图素材的过程中，养成互帮互助的合作意识。

任务书

对学校任意室内场景进行VR全景拍摄，并成功制作成VR全景图。注意，在任务一中拍摄过的场景不能再重复拍摄，需更换其他校园室内场景。

室内场景可选择：教室、实训室、办公室、体育馆、茶艺室、图书馆等，如图3-2-4所示。

图 3-2-4　参考室内场景图

工作准备

1. 阅读任务书确认工作任务。
2. 进行拍摄场景的选择，以及拍摄申请和摄影器材的申请。

注意事项

除了任务一中拍摄设备的前期检查，还需要注意以下事项。

1. 相机节点的调节

通过模块一的学习，我们了解了在拍摄VR全景图时，相机的每一次旋转拍摄，都需要以镜头节点为中心，这也是在前期拍摄全景图的难点与重点，在拍摄前如不设置好正确的节点，将会导致后期拼接的效率会大大降低，如图3-2-5所示。

3-15

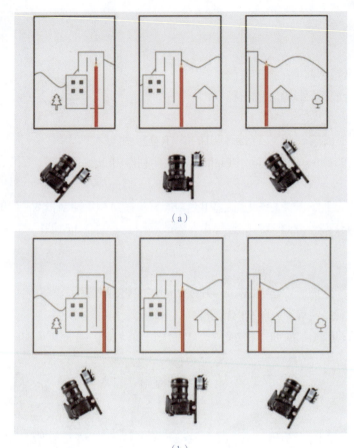

图 3-2-5 节点调节错误（a）与正确（b）画面

2. 相机曝光参数的设置

在设置参数的时候需要注意以下几点：①测光时必须使用平均测光，确定曝光参数以后，在拍摄一个点位的场景时，曝光参数、光圈、速度等其他设置都不能改变。②拍摄时要设置为固定白平衡，这样能够保证在拍摄一个场景时图片的色调基本不变。

3. 其他拍摄注意事项

在拍摄VR全景时一般按照一定的顺序拍摄，养成习惯，这样不至于漏拍某个角度的图片；拍摄时不能使用闪光灯；拍摄一个场景时，相邻两张图片要保持有至少25%左右的重复度，这样利于后期拼接，如图3-2-6所示。

图 3-2-6 相邻两张照片有 25% 重合度

任务分组

班 级		组 名		指导老师	
组 长		学 号			
组 员	姓 名	学 号		姓 名	学 号

任务分工

工作实施

引导问题1：选择拍摄的场地是哪里？是否可以正常进行拍摄任务？说说选择它的理由与想要赋予它的意义。

引导问题2：需要使用的拍摄设备有哪些需求？填写设备清单，见表3-2-1。

表 3-2-1　设备清单

序号	设　备	型　号	数　量	借用时间	组长签字
1					
2					
3					
4					
5					
6					
7					
8					
9					
10					
11					
12					

引导问题3：所选择的相机是多大画幅？所选择的镜头与相机组合后，拍摄360°画面需要拍几张照片？云台每次需要旋转多少度？

引导问题4：所使用的补地方式是哪一种？其补地优势在哪？

引导问题5：进入拍摄场地后观察最佳拍摄点，在框中标注拍摄点并阐述这个拍摄点的优势。

引导问题6：现场的光线如何？能否满足拍摄需求？将相机拍摄参数设置填入表3-2-2。

表 3-2-2 相机拍摄参数设置

参　　数	设置情况	设置的原因

拍摄参考

　　同学们可以参考以下步骤来进行VR全景图的前期拍摄及后期拼接。详细的步骤及操作原理于模块一及模块二已详细讲解，所以本次操作过程不再进行赘述。

步骤1：
　　将全景云台及三脚架进行组装，如图3-2-8所示。

图 3-2-7　将分度盘与三脚架进行组合

图 3-2-8　组装横板、承载板、双面夹座等零件

图 3-2-9　组装完成

图 3-2-10　安装相机快装板

步骤2：
　　将相机安装到全景云台上，如图3-2-10、图3-2-11所示。

图 3-2-11　将相机放置双面夹座上，并将快装板固定旋钮拧紧

操作 3：

全部安装完成后，即可调整相机节点，首先确认显示屏水平中线是否有对齐分度台中心。对齐后，把承载板转动至水平方向，在环境中找到两个竖直的参照物，使显示屏上的中心网格线、中间点、竖直参照物重合，左右转动云台观察重合点是否有偏移，如没有偏移，则证明相机节点已调整完成。如有偏移，需要调整双面加班的位置，如图3-2-12、图3-2-13所示。

图 3-2-12　确认显示屏水平中线是否有对齐分度台中心

图 3-2-13　寻找参照物进行节点调整

图 3-2-14　每 60° 旋转一圈

操作 4：

调整完节点后，便可对场景进行拍摄了。保证每两张照片的重合度需保持至少25%的重合度，由于使用的是焦距为8 mm的鱼眼镜头，所以每60°拍摄一张照片即可（90°也可完成一圈的拍摄，360°拍摄总计拍4张），环绕一圈拍摄加上补天和补地（本次使用的是手持补地法）总共拍摄9张即可，如图3-2-14、图3-2-15所示。

9张照片拍摄参数如表3-2-3所示，由于拍摄的地点为室内，所以在保持白平衡为4 700、镜头焦距为8 mm、曝光模式为M档、对焦模式为手动对焦以外，根据现场明暗情况调整ISO、光圈和快门的数值。在拍摄的时候保持小光圈，将光圈值设置为8，之后依次调整快门速度和ISO值，保证画面不过曝也不欠曝。

图 3-2-15　总计拍摄 9 张

表 3-2-3　相机参数设置

参　　数	设置情况
ISO	900
光圈	F/10
快门	1/25
白平衡	色温4 700
镜头焦距	8 mm
曝光模式	M档
对焦模式	手动对焦

步骤 5：
将拍摄完成的素材先导进Lightroom软件中进行美化，如图3-2-16所示。

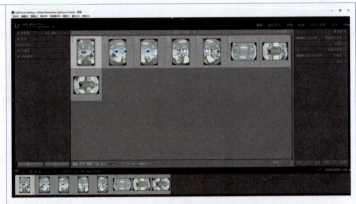

图 3-2-16　使用 Lightroom 美化素材

步骤 6：
将美化完成的素材导进PTGui软件中进行拼接，如图3-2-17所示，若要进行补地处理，使用Photoshop软件即可，具体拼接及细节处理的步骤参照模块二内容。

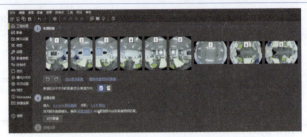

图 3-2-17　使用 PTGui 软件进行拼接

步骤 7：
将完成的全景图导入全景图本地播放器即可全方位查看VR全景图了，如图3-2-18所示。

图 3-2-18　VR 全景图完成

实战总结

阿煜老师："小骄，你来总结一下这次实战内容吧。"

小骄："在本次实战中，我进行了校园室内场景的第二张全景图制作，发现自己对VR全景图的前期拍摄及后期拼接有了更进一步的了解，对全景图云台和后期软件的使用也越加熟练，这让我感到很有成就感，相信通过更多实战的磨炼，能离专业的VR全景摄影师这个目标更近一步。"

阿煜老师："加油，我相信你能如愿以偿成为专业的VR全景摄影师的。"

实战评价

同学们根据实战的过程及结果进行自评，评价自己是否能完成VR全景图的前期拍摄及后期拼接，并且需要根据实际情况对小组其他成员进行评分。

任务二 室内场景拍摄——授课教室——实战评价表

姓名：		学号：		班级：		小组名称：	
序号	评估内容		分值		评分说明		自我评定
1	任务完成情况		30分		按时按要求完成照片任务		
2	对全景云台的掌握程度		5分		全景云台与三脚架组装步骤无误		
3	对相机节点设置的掌握程度		5分		相机节点设置标准		
4	对前期拍摄全流程的掌握程度		20分		VR全景图前期拍摄步骤无误		
5	对Lightroom软件的掌握程度		5分		全景图像素材美化步骤无误		
6	对PTGui软件的掌握程度		5分		PTGui软件蒙版及控制点功能操作步骤无误		
7	对后期VR全景图制作全流程的掌握程度		20分		VR全景图后期制作步骤无误		
8	团队精神和合作意识		10分		与小组成员之间合作交流，协调工作		

实战总结与反思：

小组其他成员评价得分：
_____、_____、_____、_____
组长评价得分：_____

教师评价：

任务三　室外场景拍摄——小花园

任务单

班级：_____　　姓名：_____　　学号：_____　　日期：_____

小组成员：_____

任务单说明：请同学们在完成"任务实践"环节中的实操部分后，填写以下任务单。

<table>
<tr><td colspan="6" align="center">任务三　室外场景拍摄——小花园</td></tr>
<tr><td rowspan="2" align="center">序　号</td><td rowspan="2" align="center">VR全景图制作</td><td rowspan="2" align="center">任务说明</td><td rowspan="2" align="center">示　例</td><td colspan="2" align="center">完成情况</td></tr>
<tr><td align="center">已完成</td><td align="center">未完成</td></tr>
<tr><td colspan="6" align="center">前期拍摄</td></tr>
<tr><td align="center">1</td><td>校园全景图③（室外）素材拍摄</td><td>根据所选用的相机和镜头，拍摄足够数量的照片，如图3-3-1所示。
拍摄要点：
1. 每两张连续的照片需要至少25%的重合部分；
2. 相机各参数保持一致；
3. 机位保持固定，在拍摄整组照片时，不论拍多少张素材，都是围绕一个中心进行的。
4. 可以根据现场的光线来使用包围曝光的操作方法来进行拍摄，并将每三张曝光参数不同的照片结合成一张照片</td><td>

IMG_9248_49_50　　IMG_9251_2_3

IMG_9254_5_6　　IMG_9260_1_2

IMG_9263_4_5　　IMG_9269_70_71

IMG_9272_3_4　　IMG_9278_79_80

图 3-3-1　校园全景图②（室内）素材拍摄示例图</td><td></td><td></td></tr>
<tr><td colspan="6" align="center">后期处理</td></tr>
<tr><td align="center">2</td><td>校园全景图③（室外）素材精修</td><td>将拍摄完成的素材图片进行美化、调色和修复，如图3-3-2所示。
拍摄要点
1. 保持每张照片色调统一，在全景画面中亮度和谐；
2. 对素材进行污点修复</td><td>
图 3-3-2　校园全景图②（室内）素材精修示例图</td><td></td><td></td></tr>
</table>

序 号	VR全景图制作	任务说明	示 例	完成情况	
				已完成	未完成
后 期 处 理					
3	校园全景图③（室外）基础拼接	通过对PTGui软件的学习和练习，自主将拍摄完成的素材图进行拼接，最终制作成一张完整全景图，如图3-3-3所示。 拍摄要点 1. 掌握图片导入熟练使用控制点，注意拼接是否有错位； 2. 适时使用遮罩，避免穿帮（云台、三脚架、人物等）； 3. 导出图像为.jpeg，宽高比为2∶1	图3-3-3 校园全景图②（室内）基础拼接示例图		
4	校园全景图③（室内）补地处理	处理全景图中地面空缺部分。 拍摄要点 1. 地面上空缺部分能够自然填补； 2. 处理地面上其他瑕疵	无		
备 注	小组中的每位同学，需在制作之前了解任务说明，每完成一项要在相应完成情况处打上√。任务结束后，小组组长需将图像分类保存好，并将图像与此任务单一起交给任课老师				
任务思考	问题①：在进行该室外场景的全景拍摄项目前，有哪些地方是需要格外注意的？ 问题②：在进行该室外场景的全景拍摄项目时，对拍摄设备做了哪些调试？ 问题③：在全景图拼接前，使用Lightroom对图像素材进行哪些处理，遇到哪些问题？如何处理这些问题的？ 问题④：在进行全景图拼接时，遇到了什么问题？如何解决这些问题的？				

学习目标

知识目标

◎熟悉室外VR全景图前期拍摄的方法。

◎熟悉室外VR全景图后期制作的流程。

能力目标

◎能够熟练使用三脚架、全景云台和相机拍摄VR全景图素材。

◎能够熟练使用PTGui、Photoshop和Lightroom软件制作VR全景图。

素养目标

◎养成严谨细致的工作习惯,注重前期VR全景图素材拍摄和后期全景图制作的流程细节。

◎在团队合作拍摄VR全景图素材的过程中,养成互帮互助的合作意识。

◎在拍摄校园场景的过程中,涵养爱校情感和审美情操。

任务书

对学校任意室外场景进行VR全景拍摄,并成功制作成VR全景图。

室内场景可选择:操场、小花园、教学楼分岔口等,如图3-3-4所示。

图3-3-4 室外场景参考

工作准备

1. 阅读任务书确认工作任务。
2. 进行拍摄场景的选择、拍摄申请,摄影器材的申请。

注意事项

在正式拍摄室外全景图前,应注意画面曝光问题。我们在拍摄VR全景图时不应该在拍摄过程中随意调整参数,而应该先确定好参数再进行拍摄。

人们常说"宁暗勿曝",意思是指当你对曝光值拿不准的时候,可以选择将曝光值减少1档或2档,虽然这样画面会偏暗,但是可以通过后期调整回来,并且画面也不会过曝,如果画面过曝了,一般很难通过后期调整回来,如图3-3-5所示。

图 3-3-5　过曝画面

除了减少曝光值的方法，也可以开启相机的自动包围曝光拍摄多张等差曝光量的照片。相机通过自动更改快门速度或光圈值，用包围曝光（±3 级范围内以1/3 级为单位调节）连续拍摄3张照片，欠曝、正常、过曝情况下照片各1张，再通过后期软件从3张曝光情况不同的照片中取其各自准确曝光的地方合成1张照片，这样就可以解决大光比环境下拍摄出的照片曝光不准的问题，如图3-3-6所示。

图 3-3-6　包围曝光设置

任务分组

班　级		组　名		指导老师	
组　长		学　号			
组　员	姓　名	学　号		姓　名	学　号
任务分工					

工作实施

引导问题1：选择拍摄的场地是哪里？是否可以正常进行拍摄任务？说说选择它的理由与想要赋予它的意义。

引导问题2：需要使用的拍摄设备有哪些需求？填写设备清单，见表3-3-1。

表 3-3-1　设备清单

序号	设　备	型　号	数　量	借用时间	组长签字
1					
2					
3					
4					
5					
6					
7					
8					
9					
10					
11					
12					

引导问题3：所选择的相机是多大画幅？所选择的镜头与相机组合后，拍摄360°画面需要拍几张照片？云台每次需要旋转多少度？

引导问题4：所使用的补地方式是哪一种？其补地优势在哪？

引导问题5：进入拍摄场地后观察最佳拍摄点，在框中标注拍摄点并阐述这个拍摄点的优势。

引导问题6：现场的光线如何？能否满足拍摄需求？相机拍摄参数设置填入表3-3-2中。

表 3-3-2　相机拍摄参数设置

参　　数	设置情况	设置的原因

拍摄参考

同学们可以参考以下步骤来进行VR全景图的前期拍摄及后期拼接。详细的步骤及操作原理于模块一及模块二已详细讲解，所以本次操作过程不再赘述。

步骤1：
　　将全景云台、三脚架及相机进行组装，如图3-3-7所示。

图 3-3-7　组装全景云台及三脚架

步骤2：
　　全部组装完成后，即可调整相机节点，首先需要确认显示屏水平中线是否有对齐分度台中心。对齐后，把承载板转动至水平方向，在环境中找到两个竖直的参照物，使显示屏上的中心网格线、中间竖直参照物及最后的竖直参照物重合，左右转动云台观察重合点是否有偏移，如没有偏移，则证明相机节点已调整完成。如有偏移，需要调整双面夹板的位置，如图3-3-8所示。

图 3-3-8　寻找参照物进行节点调整

步骤3：

调整完节点后，便可对场景进行拍摄了。保证每两张照片的重合度需保持至少25%的重合度，由于使用的是焦距为8 mm的鱼眼镜头，每90°拍摄一张照片即可。本次室外拍摄使用了包围曝功能，所以环绕一圈拍摄加上补天和补地（本次使用的是外翻补地法）总共拍摄24张，如图3-3-9～图3-3-12所示。

图 3-3-9　90°旋转一圈①

图 3-3-10　90°旋转一圈②

图 3-3-11　90°旋转一圈③

图 3-3-12　90°旋转一圈④

步骤4：

将素材导入进Photomatix Pro软件，将24张图片素材进行合成，最终合成8张照片，如图3-3-13所示。

IMG_9248_49_5 0　　IMG_9251_2_3　　IMG_9254_5_6　　IMG_9260_1_2

IMG_9263_4_5　　IMG_9269_70_7 1　　IMG_9272_3_4　　IMG_9278_79_8 0

图 3-3-13　合成照片

VR 全景摄影实战教程

步骤 5：
　　将拍摄完成的 8 张素材先导入 Lightroom 软件中进行同步美化，如图 3-3-14 所示。

图 3-3-14　使用 Lightroom 美化 8 张素材

步骤 6：
　　将美化完成的素材导进 PTGui 软件中进行拼接，如图 3-3-15 所示，若要进行补地处理，使用 Photoshop 软件即可，具体拼接及细节处理的步骤参照模块二内容。

图 3-3-15　使用 PTGui 进行拼接

步骤 7：
　　将完成的全景图导入全景图本地播放器，即可全方位查看 VR 全景图了，如图 3-3-16 所示。

图 3-3-16　后期制作完成的 VR 全景图

实战总结

　　阿煜老师："小骄，你来总结一下这次的实战内容吧。"

　　小骄："与以往的实战拍摄所不同的是，这次挑战的是室外拍摄。由于室外的光线问题，所以我能感受到相机参数的设置对 VR 全景图拍摄是十分重要的。在这次实战的过程中对'曝光三要素'的设置也越发熟练。我相信熟能生巧，以后会对 VR 全景摄影这项技术越来越熟练的。"

　　阿煜老师："很好，希望你在之后的室外拍摄实战中继续加油。"

实战评价

　　同学们根据实战的过程及结果进行自评，评价自己是否能完成 VR 全景图的前期拍摄及后期拼接，并且需要根据实际情况对小组其他成员进行评分。

任务三　室外场景拍摄——小花园——实战评价表

姓名：		学号：		班级：	小组名称：	
序　号	评估内容		分　值	评分说明		自我评定
1	任务完成情况		30分	按时按要求完成照片任务		
2	对全景云台的掌握程度		5分	全景云台与三脚架组装步骤无误		
3	对相机节点设置的掌握程度		5分	相机节点设置标准		
4	对前期拍摄全流程的掌握程度		20分	VR全景图前期拍摄步骤无误		
5	对Lightroom软件的掌握程度		5分	全景图像素材美化步骤无误		
6	对PTGui软件的掌握程度		5分	PTGui软件蒙版及控制点功能操作步骤无误		
7	对后期VR全景图制作全流程的掌握程度		20分	VR全景图后期制作步骤无误		
8	团队精神和合作意识		10分	与小组成员之间合作交流，协调工作		

实战总结与反思：

小组其他成员评价得分：

_____、_____、_____

组长评价得分：_____

教师评价：

任务四　室外场景拍摄——操场

任务单

班级：_____　　姓名：_____　　学号：_____　　日期：_____

小组成员：_____

任务单说明：请同学们在完成"任务实践"环节中的实操部分后，填写以下任务单。

序号	VR全景图制作	任务说明	示　例	完成情况	
				已完成	未完成
任务四：室外场景拍摄——操场					
前 期 拍 摄					
1	校园全景图④（室外）素材拍摄	根据所选用的相机和镜头，拍摄足够数量的照片，如图3-4-1所示。 拍摄要点： 1. 每两张连续的照片需要至少25%的重合部分； 2. 相机各参数保持一致； 3. 机位保持固定，在拍摄整组照片时，不论拍多少张素材，都是围绕一个中心进行的。 4. 可以根据现场的光线来使用包围曝光的操作方法来进行拍摄，并将每三张曝光参数不同的照片结合成一张照片	图3-4-1　校园全景图④（室外）素材拍摄示例图		
后 期 处 理					
2	校园全景图④（室外）素材精修	将拍摄完成的素材图片进行美化、调色和修复，如图3-4-2所示。 拍摄要点： 1. 保持每张照片色调统一，在全景画面中亮度和谐； 2. 对素材进行污点修复	图3-4-2　校园全景图④（室外）素材精修示例图		

序　号	VR全景图制作	任务说明	示　例	完成情况	
				已完成	未完成
后　期　处　理					
3	校园全景图④（室外）基础拼接	通过对PTGui软件的学习和练习，自主将拍摄完成的素材图进行拼接，最终制作成一张完整全景图，如图3-4-3所示。 拍摄要点： 1. 掌握图片导入熟练使用控制点，注意拼接是否有错位； 2. 适时使用遮罩，避免穿帮（云台、三脚架、人物等）； 3. 导出图像为.jpeg，宽高比为2∶1	图 3-4-3　校园全景图④（室外）基础拼接示例图		
4	校园全景图④（室内）补地处理	处理全景图中地面空缺部分。 拍摄要点： 1. 地面上空缺部分能够自然填补； 2. 处理地面上其他瑕疵	—		
备　注		小组中的每位同学，需在制作之前了解任务说明，每完成一项要在相应完成情况处打上√。任务结束后，小组组长需将图像分类保存好，并将图像与此任务单一起交给任课老师			
任务思考		问题①：在进行该室外场景的全景拍摄项目前，有哪些地方是需要格外注意的？ 问题②：在进行该室外场景的全景拍摄项目时，对拍摄设备做了哪些调试？ 问题③：在全景图拼接前，使用Lightroom对图像素材进行哪些处理，遇到哪些问题？你是如何处理这些问题的？ 问题④：在进行全景图拼接时，遇到了什么问题？你是如何解决这些问题的？			

学习目标

知识目标

◎熟悉室外VR全景图前期拍摄的方法。

◎熟悉室外VR全景图后期制作的流程。

能力目标

◎能够熟练使用三脚架、全景云台和相机拍摄VR全景图素材。

◎能够熟练使用PTGui、Photoshop和Lightroom软件制作VR全景图。

素养目标

◎养成严谨细致的工作习惯,注重前期VR全景图素材拍摄和后期全景图制作的流程细节。

◎在团队合作拍摄VR全景图素材的过程中,养成互帮互助的合作意识。

◎在拍摄校园场景的过程中,涵养爱校情感和审美情操。

任务书

对学校任意室外场景进行VR全景拍摄,并制作成VR全景图。

室内场景可选择:操场、小花园、教学楼分岔口等,如图3-4-4所示。

图 3-4-4 参考场景

工作准备

1. 阅读任务书确认工作任务。
2. 进行拍摄场景的选择、拍摄申请及摄影器材的申请。

注意事项

除了任务一中提到的注意事项,还需要注意以下问题。

1. 地面上的影子

每个VR全景摄影师在进行拍摄时,基本都会遇到墙体上的镜面、明亮的橱窗、反光的车体、金属的匾牌、玻璃幕墙、平静的水面等,会出现三脚架、相机以及自己影子的情况,如图3-4-5所示。我们需要避免以上情况的发生,所以在补地拍摄时可以使用外翻补地,也可以在阳光不那么强烈的时间段里进行拍摄。

图 3-4-5　地面上的影子

2．移动的物体

在拍摄时注意不要拍到正在移动的行人或汽车，还要注意所拍摄的同一事物不要出现在不同的角度中，不仅会给后期处理图片加大工作量，而且全景图的美观度也会下降，如图3-4-6所示。

图 3-4-6　移动的人物

任务分组

班　级		组　名		指导老师	
组　长		学　号			
组　员	姓　名		学　号	姓　名	学　号
任务分工					

工作实施

引导问题1：选择拍摄的场地是哪里？是否可以正常进行拍摄任务？说明选择它的理由与想要赋予它的意义。

引导问题2：需要使用的拍摄设备有哪些需求？填写设备清单，见表3-4-1。

表 3-4-1　设备清单

序 号	设　备	型　号	数　量	借用时间	组长签字
1					
2					
3					
4					
5					
6					
7					
8					
9					
10					
11					
12					

引导问题3：所选择的相机是多大画幅？所选择的镜头与相机组合后，拍摄360°画面需要拍几张照片？云台每次需要旋转多少度？

引导问题4：所使用的补地方式是哪一种？其补地优势在哪？

引导问题5：进入拍摄场地后观察最佳拍摄点，在框中标注拍摄点并阐述这个拍摄点的优势。

引导问题6：现场的光线如何？能否满足拍摄需求？将相机拍摄参数设置填入表3-4-2。

表 3-4-2　参数设置表

参　数	设置情况	设置的原因

拍摄参考

同学们可以参考以下步骤来进行VR全景图的前期拍摄及后期拼接。详细的步骤及操作原理于模块一及模块二已详细讲解，所以本次操作过程不再赘述。

步骤1：
首先需要将全景云台及三脚架进行组装，如图3-4-7所示。

图 3-4-7　组装全景云台及三脚架

步骤2：
将相机安装到全景云台上，如图3-4-8所示。

图 3-4-8　寻找参照物进行节点调整

步骤3：

全部安装完成后，即可调整相机节点，首先需要确认显示屏水平中线是否对齐分度台中心。对齐后，把承载板转动至水平方向，在环境中找到两个竖直的参照物，使显示屏上的中心网格线、中间点、竖直参照物重合，左右转动云台观察重合点是否有偏移，如没有偏移，则证明相机节点已调整完成。如有偏移，需要调整双面加板的位置，如图3-4-9～图3-4-12所示。

图 3-4-9　90°旋转一圈①

图 3-4-10　90°旋转一圈②

图 3-4-11　90°旋转一圈③

图 3-4-12　90°旋转一圈④

步骤4：

调整完节点后，便可对场景进行拍摄。保证每两张照片的重合度需保持至少25%的重合度，由于使用的是焦距为8 mm的鱼眼镜头，每90°拍摄一张照片即可。本次室外拍摄使用了包围曝光功能，所以环绕一圈拍摄加上补天和补地（本次使用的是外翻补地法）总共拍摄24张，然后将合成24张照片导入Photomatix Pro软件中进行曝光合成，最后合成8张曝光正常的图像，如图3-4-13所示。

图 3-4-13　合成照片

步骤 5：
　　将拍摄完成的素材先导入Lightroom软件中进行美化，如图3-4-14所示。

图 3-4-14　使用 Lightroom 美化 8 张素材

步骤 6：
　　将美化完成的素材导入PTGui软件中进行拼接，如图3-4-15所示，若要进行补地处理，使用Photoshop软件即可，具体拼接及细节处理的步骤参照模块二内容。

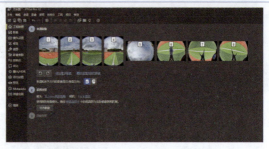

图 3-4-15　使用 PTGui 进行拼接

步骤 7：
　　最后，将完成的全景图导入全景图本地播放器即可全方位查看VR全景图了，如图3-4-16所示。

图 3-4-16　后期制作完成的 VR 全景图

实战总结

　　阿煜老师："小骄，你来总结一下这次的实战内容吧。"

　　小骄："在本次校园室内拍摄实战中，我发现自己不论是前期拍摄还是后期制作的效率都有不小的提升。最终制作出来的VR全景图质量也比以往有质的飞跃。果然对于VR全景摄影这项技术来说，还是要多多实践，在实践中才能得到进步。"

　　阿煜老师："很好，目前看来你能够很好胜任VR全景摄影师这个岗位了，希望你以后继续加油。"

　　小骄："好的，阿煜老师。"

实战评价

　　根据实战的过程及结果进行自评，评价自己是否能完成VR全景图的前期拍摄及后期拼接，并且需要根据实际情况对小组其他成员进行评分。

任务四 室外场景拍摄——操场——实战评价表

姓名:		学号:		班级:		小组名称:	

序 号	评估内容	分 值	评分说明	自我评定
1	任务完成情况	30分	按时按要求完成照片任务	
2	对全景云台的掌握程度	5分	全景云台与三脚架组装步骤无误	
3	对相机节点设置的掌握程度	5分	相机节点设置标准	
4	对前期拍摄全流程的掌握程度	20分	VR全景图前期拍摄步骤无误	
5	对Lightroom软件的掌握程度	5分	全景图像素材美化步骤无误	
6	对PTGui软件的掌握程度	5分	PTGui软件蒙版及控制点功能操作步骤无误	
7	对后期VR全景图制作全流程的掌握程度	20分	VR全景图后期制作步骤无误	
8	团队精神和合作意识	10分	与小组成员之间合作交流，协调工作	

实战总结与反思：

小组其他成员评价得分：
_____、_____、_____、_____

组长评价得分：_____

教师评价：

实战练习　室外室内场景拍摄

方案说明

选择合适的室内室外场景（不限于校园），拍摄VR全景图素材，并将素材制作成标准的VR全景图。

前期准备

1. 阅读方案说明书确认工作任务。
2. 结合前期VR全景图素材拍摄及后期制作的相关知识技能点，完成以下方案内容的填写。

方案策划

方案名称：		
方案主题：		
拍摄人员：＿＿＿＿　拍摄地点：＿＿＿＿　拍摄日期：＿＿＿＿		
后期制作人员：＿＿＿＿　制作日期：＿＿＿＿		
（前期）VR全景图拍摄设备		
序　号	设备名称	设备型号	备　注

序　号	拍摄步骤	注意要点
1		
2		
3		

（前期）VR全景图拍摄流程

（前期）VR全景图拍摄流程		
序　号	拍摄步骤	注意要点
4		
5		
6		

拍摄总结：

（后期）VR全景图制作软件	
序　号	软件名称	备　注

（后期）VR全景图制作流程		
序　号	VR全景图制作步骤	注意要点
1		
2		
3		
4		

（后期）VR全景图制作流程		
序　号	VR全景图制作步骤	注意要点
5		
6		

后期制作总结：